LES INSECTES

DANS L'ANTIQUITÉ & AU MOYEN AGE.

ESSAI HISTORIQUE

Par M. J. GARNIER,

Conservateur de la Bibliothèque d'Amiens,
Vice-Président de la Société Linnéenne, etc., etc.,
Chevalier de la Légion-d'Honneur, Officier de l'Instruction publique.

AMIENS,
Imprimerie et Lithographie CAILLAUX, place Périgord, 3.

1868.

LES INSECTES

DANS L'ANTIQUITÉ ET AU MOYEN AGE.

ESSAI HISTORIQUE.

(Extrait des Publications de la Société Linnéenne du Nord de la France.)

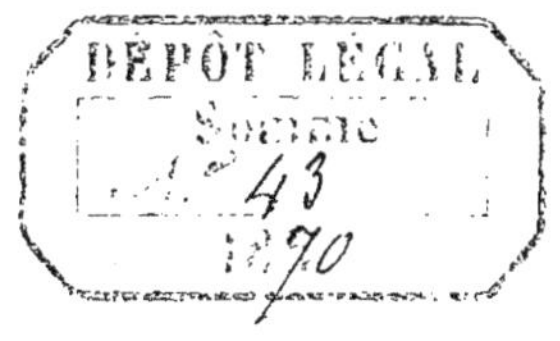

LES INSECTES

DANS L'ANTIQUITÉ & AU MOYEN AGE.

ESSAI HISTORIQUE

Par M. J. GARNIER,

Conservateur de la Bibliothèque d'Amiens,
Vice-Président de la Société Linnéenne, etc., etc.,
Chevalier de la Légion-d'Honneur, Officier de l'Instruction publique.

AMIENS,
Imprimerie et Lithographie CAILLAUX, place Périgord, 3.

1868.

LES INSECTES

DANS L'ANTIQUITÉ & AU MOYEN AGE.

ESSAI HISTORIQUE (1)

L'année dernière, j'avais pris pour sujet d'une lecture publique l'instinct des insectes. J'ai pensé que je pourrais cette année encore appeler l'attention sur ces petits animaux. Ils sont en effet curieux à plus d'un titre, soit qu'on étudie leurs mœurs, leur organisation ou leurs transformations successives ; tout en eux est un sujet d'admiration. Si dans les grands animaux cet assemblage de parties solides et liquides nécessaires à la conservation, à l'accroissement, à la reproduction, si tout ce système économique nous confond et nous étonne, n'est-ce pas une merveille de plus dans les animalcules que ces parties imperceptibles, impalpables, organisées avec tant d'art, que ces appareils de pièces si légères concourant par leur forme, leur mouvement, leur situation, aux diverses fonctions de la vie, ce problème multiple qui a échappé à toutes les recherches.

(1) Ce travail a fait l'objet d'une lecture publique à l'Hôtel de Ville d'Amiens, le 17 janvier 1867.

Mais tels ne sont pas les sujets qui doivent m'occuper. Je veux seulement essayer aujourd'hui de vous esquisser l'histoire des insectes dans l'antiquité et le moyen âge. En général, l'histoire des sciences me paraît ne devoir pas être restreinte à ceux qui les cultivent, mais s'étendre aussi à tous ceux qui s'intéressent aux progrès de l'esprit humain sur quelque point qu'il s'exerce. Quoi de plus curieux à parcourir que la multiplicité des procédés, la variété immense de détails, le nombre infini de faits qu'il a fallu recueillir, et qui étaient nécessaires, indispensables même, pour les constituer. Des faits isolés, quel qu'en soit le nombre, ne constituent pas plus en effet une science que des matériaux épars ne font un édifice.

Après l'observation des faits, il en faut la distribution méthodique, et cette distribution ne peut être fondée que sur des principes rigoureux, qui ne sont trouvés qu'après l'établissement de rapports qu'il faut subordonner à d'autres généraux et ceux-ci à d'autres plus généraux encore, qui deviennent des lois.

Mais, pour en arriver là, pour faire de l'entomologie seulement une science, que de difficultés à vaincre, que de recherches, jusqu'à ces remarquables travaux que notre siècle a vus s'accomplir et qui seuls ont donné ces vues d'ensemble qui pouvaient faire succéder de véritables lois, une véritable classification, à des systèmes plus ou moins hypothétiques que l'on avait longtemps acceptés, les uns par séduction, les autres par préoccupation, ou bien sur la foi d'un maître dont on était accoutumé à respecter l'autorité et à laquelle on n'osait ou ne pouvait se soustraire.

Quand l'étude de l'entomologie a-t-elle commencé ? Évidemment, quand l'homme eut goûté le miel, quand il eut senti la piqûre d'un cousin, quand il eut assisté aux ravages des sauterelles, il dut s'occuper des insectes qui lui procuraient une nourriture agréable, qui lui apportaient la douleur ou le chagrin (1). Dès que ces petits animaux, les uns utiles, les autres malfaisants, eurent fixé son attention, il les a nommés, et leurs noms, avec leurs qualités, se sont transmis par la tradition. Mais il y a loin de là à ce que nous appelons une étude, encore plus au commencement d'une science.

M. Isidore Geoffroy S. Hilaire, dans ses considérations historiques sur la zoologie, a appelé période d'essai et de confusion toute celle qui comprend l'antiquité jusqu'au XVIIe siècle. Il caractérise cette période par ces mots : Point de méthode déterminée, pas de résultats, des hypothèses (2). L'histoire naturelle comme science est en effet toute moderne, bien que la connaissance des animaux, des végétaux et des minéraux soit aussi ancienne que le monde. Mais les notions des anciens sont vagues et manquent d'exactitude ; et, s'il n'y a point disette de faits, il y a toujours obscurité dans leurs écrits. Ils n'avaient point saisi les traits distinctifs des êtres, et ne savaient pas se servir de ces définitions courtes et claires, qui rendent si faciles la connaissance des espèces particulières, et dont la création est un des principaux titres de gloire du célèbre Linné.

(1) Lacordaire. — Introduction à l'entomologie. II. 619.

(2) Is. Geoffroy S. Hilaire. — Essais de zoologie générale. 8. 55.

Voyons cependant ce que l'antiquité nous donnera relativement à l'entomologie, et rappelons nous que nous avons restreint le nom d'insectes aux animaux articulés dont le corps est composé d'une tête, d'un thorax ou corselet, d'un abdomen distinct et de trois paires de pattes. Bien que cela suffise pour les faire reconnaître extérieurement, nous ajouterons qu'ils sont dépourvus de squelette intérieur, et qu'ils respirent par des stigmates, qui sont les orifices extérieurs de trachées ou de vaisseaux aériens internes disposés par paires et occupant symétriquement les côtés du corps.

Nous commencerons par les peuples de l'Orient ; s'ils sont les plus éloignés de nous, ils sont aussi les plus anciens. C'est une chose remarquable en effet, comme l'a fait observer Schlosser, que l'éducation du genre humain ait suivi la même direction que le cours journalier du soleil, et que de l'Orient nous soient venues, pour ainsi dire, toutes les lumières (1).

Quelque doute que l'on professe sur la chronologie des Chinois, il faut toujours regarder comme des plus anciens ce peuple extraordinaire dont le développement et la civilisation ne sont jamais sortis d'un cercle exclusivement national, qui a conservé à travers les siècles son caractère, sa physionomie à part. Ce curieux peuple, où rien ne se perd, tant il a conservé de respect pour les enseignements de ceux qui l'ont précédé, qui semble avoir tiré de son propre fonds toutes ses ressources, tous ses progrès, ce peuple a possédé, cela est incontestable, des

(1) Schlosser. — Histoire universelle de l'Antiquité. I. 84.

connaissances aussi étendues que variées. La Zoologie a dû être cultivée par lui à l'égal des autres sciences. Leurs encyclopédies actuelles contiennent en effet des notions dont la précision doit faire remonter fort loin les études qui y conduisirent (1), et que renfermaient sans doute, à l'état naissant, les livres sacrés que l'un des Empereurs fit brûler trois siècles environ avant notre ère. Mais les Chinois ne sauraient être classés parmi les promoteurs des sciences, puisque leurs découvertes ne sont point arrivées jusqu'à nous, et qu'ils semblent, sous ce rapport, avoir voulu conserver l'isolement, comme ils voulaient se l'assurer physiquement par la construction de leurs longues murailles. Cependant il est démontré historiquement qu'ils pratiquaient l'art d'élever le vers à soie plus de 1000 ans avant notre ère, et que les vers à soie sauvages, c'est-à-dire vivant sur d'autres arbres que le mûrier, y étaient cultivés dès les temps les plus anciens. Ils considéraient ces derniers comme un secours que le ciel leur avait montré dans les temps de misère, et ils avaient appris à les propager par l'industrie (2).

De tous temps ils avaient connu les abeilles, le miel et la cire. L'intéressante histoire de ces mouches avait été successivement sue, oubliée, réapprise, enluminée de fables, puis enfin réduite aux faits réels constatés par l'observation. Ils mangeaient et ils mangent encore les

(1) Geoffroy S. Hilaire. — Histoire naturelle générale des règnes organiques. I. 8.

(2) Mémoires concernant la Chine. II. 577.

nymphes des abeilles sauvages qu'ils font macérer dans la saumure et frire dans l'huile ou dans la graisse.

La cigale tenait un rang distingué dans l'histoire naturelle des Chinois, si nous en jugeons par leur poésie et leur médecine. Le nom qu'ils lui ont donné, et qui veut dire *qui chante par les flancs*, indique qu'ils l'avaient étudiée, et qu'ils avaient reconnu comment ces petits animaux rendent un si grand bruit. Dans les temps modernes, on les chassait le soir, à la lumière. La mode, qui les avait adoptés, en avait fait une parure et une distraction. On en ornait les coiffures ; on les enfermait dans de petites cages de roseaux, pour l'amusement des femmes et des enfants (1).

Le P. Amyot, l'un des missionnaires qui ont le plus contribué à nous faire connaître la Chine, et qui soupçonnait chez eux des recherches d'une certaine valeur, s'étant informé auprès des lettrés, si les Chinois avaient consigné dans les livres leurs connaissances anciennes et modernes sur les insectes, il lui fut répondu qu'on doutait qu'il existât de pareils travaux. Aussi écrivait-il, en 1789, que l'Histoire naturelle de la Chine était encore à faire, bien que l'on trouvât chez leurs poëtes des comparaisons qui témoignaient que des savants avaient décrit autrefois et observé ces petits êtres, qu'ils avaient sur leurs mœurs et leur organisation extérieure des faits qui devaient être, pour cette seule raison, très-répandus (2). Toutefois nous sommes tenté de croire que ce peuple

(1) Pauthier et Bazin. — Chine. 374.

(2) Mémoires concernant la Chine. XV. 574.

positif et utilitaire s'est occupé surtout, sinon exclusivement, des animaux et des végétaux dont il pouvait tirer parti pour la médecine ou l'industrie.

Les Indiens nous donneront-ils quelque chose de plus positif? Non. Même incertitude s'y rencontre. On devait s'y attendre, du reste, puisqu'ils n'ont rien de ce que nous appelons chronologie et histoire, et que leurs livres, tout philosophiques et religieux, sont muets sur l'état des sciences, des lettres et des arts. Il est vrai que l'on rassemble seulement les matériaux destinés à nous faire connaître le monde brahmanique et que l'on est loin de pouvoir encore lui assigner le rang qui lui convient.

Quoi qu'il en soit, on trouve dans le Zend-Avesta une longue énumération d'animaux dans laquelle même on voit une sorte d'ébauche de classification, et, dans les Vedas, des passages qui dénotent un savoir réel et très-varié en ce qui les concerne. Quant aux insectes, ils y sont déclarés le produit d'Ahrimane, le génie du mal; il a enfanté les mouches qui touchent à tout, les fourmis qui sont de deux sortes, celles qui portent le grain et celles qui creusent la terre (1). Si leur religion montrait aux Indiens dans les animaux et dans les plantes des frères momentanément transformés, leurs institutions ne permettaient guère que leurs connaissances sur ces matières se développassent beaucoup, puisqu'il leur était défendu de toucher à un cadavre quel qu'il fût. Mais ils célébraient une fête des mouches dans laquelle, indépendamment des prières qu'ils récitaient, ils exposaient en dehors de

(1) Zend-Avesta. I. p. 265. 266.

leurs maisons du sucre et de la farine pour les régaler. Enfin, s'ils ne connaissaient point l'organisation des insectes, ils connaissaient probablement leurs habitudes et la nourriture qu'ils préféraient, puisque les puces, les punaises et autres animalcules trouvaient dans l'hôpital des animaux, que leur dévotion entretenait, une salle, car je ne connais pas d'autre nom pour désigner cette partie de leur logement, où ne manquaient ni le zèle, ni les soins que la charité prodigue, chez nous, aux enfants et aux vieillards, dans les asiles que la bienfaisance leur a consacrés et que ce peuple ne connait point (1).

Serons-nous plus heureux chez les Egyptiens ? Ceux de leurs monuments que le temps a respectés, ceux dont les débris nous ont été conservés, sont assurément la preuve d'une civilisation des plus remarquables. Un peuple chez lequel les animaux partageaient les honneurs divins, devait nécessairement les avoir étudiés (2). Mais les travaux qui pouvaient nous renseigner sur la valeur de leurs découvertes, comme tous ceux qui traitaient des mœurs et de l'histoire des Égyptiens, sont perdus, on le sait, et c'est au dehors qu'ils nous les faut chercher. Hérodote, qui n'était point naturaliste, n'a pu nous transmettre qu'une partie de ce qu'il avait recueilli ; et, cependant, il nous laisse entrevoir une masse de faits et d'observations qui paraissent être le produit de travaux divers et de l'action progressive du temps. Que ne devons nous point regretter, si ce n'est là, comme on le dit, qu'un

(1) Zend-Avesta. I. cclxij.

(2) Is. Geoffroy St. Hilaire. — Hist. nat. gén. I. 14.

pâle reflet du savoir des Egyptiens? Il est difficile de croire, cependant, qu'ils aient pu s'élever bien haut, si l'on songe à la difficulté d'expression, à la pauvreté des moyens de communication qui résultent d'une écriture figurée assurément insuffisante aux besoins de la science. Car la langue, vous le savez, n'est pas moins nécessaire à la transmission de la pensée, que l'air à la transmission des sons.

Si nous parcourons leurs monuments, nous y trouvons la représentation de quelques insectes, parmi ces hiéroglyphes dont l'explication a si longtemps exercé la sagacité des savants et dont, seulement de nos jours, on a dévoilé les mystères. Latreille a cherché quels ils étaient, et il a reconnu des scarabées, une cétoine, un pompile et l'abeille domestique (1). Si les caractères zoologiques, comme le fait remarquer Cuvier, ne sont pas toujours nettement exprimés dans ces dessins, l'habitude générale et l'ensemble de l'animal sont si bien reproduits que les naturalistes ne sauraient s'y tromper (2). Remarquons qu'il ne s'agissait point dans ces peintures de représenter des sujets d'histoire naturelle, mais d'exprimer, au moyen de ces figures, et par une allégorie, quelque mystère ou quelque grand phénomène de la nature. Ainsi le scarabée, qui annonce par son apparition le réveil du printemps, est un symbole de la puissance créatrice et de la divinité. Suivant la tradition, il engendre sans le secours d'une femelle : il forme une boule de fiente de bœuf, l'enterre,

(1) Latreille. — Mémoires du Muséum. V. 249 et suiv.

(2) G. Cuvier. — Histoire des sciences naturelles. I. 58.

et au bout de 28 jours, qui est le nombre de la révolution lunaire, la race du scarabée s'anime ; le 29e, qui est celui de la conjonction, il ouvre cette boule, la jette dans l'eau et il en sort des scarabées. Ajoutez que suivant Horapollo (1), prétendu écrivain égyptien dont la mère aurait été la nourrice d'Homère, et qui n'est guère qu'un grec du IVe siècle, les scarabées ont 30 doigts, que leur tête dentelée rappelle les rayons du soleil, que la boule où nous savons qu'ils renferment leurs œufs et qu'ils roulent à reculons, est la figure du monde, et vous comprendrez que les Egyptiens voulant désigner un être engendré de lui-même, une naissance, un père, le monde, l'homme, aient pris un scarabée pour emblème des travaux d'Osiris. Aussi l'ont-ils multiplié à l'infini, par la peinture, la gravure, la sculpture, de toutes manières et de toutes matières ; depuis le bijou d'or, jusqu'au bloc colossal de granit, tout en reproduit la forme (2).

L'abeille dont le miel était une des richesses du pays, était le symbole du peuple soumis à son roi. Un sphex qui faisait la guerre aux araignées dont la blessure était réputée mortelle, méritait bien aussi quelque distinction. Enfin Latreille regarde également comme vénérés dans cette terre des animaux sacrés, la cétoine, la nécrobie, l'akis, la mouche César dont on a trouvé des restes dans les momies où peut-être ils étaient éclos (3). Cependant la cétoine et la mouche avaient ailleurs encore attiré l'at-

(1) Ori-Apollinis Hieroglyphica. 1521, in-8°. p. 6.

(2) Creuzer et Guigniaut. — Religions de l'antiquité. II. 948.

(3) Latreille. Ibid.

tention des anciens, puisque les Grecs avaient un jeu de la mouche bronzée et que les enfants faisaient voler des cétoines attachées par la patte avec un fil, comme nos enfants font voler des hannetons. Mais ne soyons pas étonnés de ce qui se passait à l'égard de ces insectes, peut-être ce peuple agriculteur avait-il trouvé, dans les services qu'il en recevait, une raison de les honorer. Comme l'ibis et le chat, qui purgaient le pays, après le retrait du Nil, de vermisseaux et d'animalcules de toutes sortes qui eussent ravagé les moissons, les insectes avaient une grande part dans cette œuvre de purification; ils aidaient, par leur chasse et leur voracité incessante, à la transformation d'un sol qui eût été condamné à une fécondité terrible et malsaine. N'était-il point juste, dès lors, que ces disséqueurs, ces expurgateurs infatigables eussent aussi leur part de considération? Peut-être aussi, la régularité de leur venue en faisant comme autant d'indices naturels de la vicissitude des saisons, les Egyptiens adoraient en eux, avec les lois de la nature qu'ils rappelaient, le principe du bien, l'ennemi du mauvais génie qu'ils redoutaient; et, peut-être aussi, plus tard, l'ignorance et l'erreur ont défiguré de belles et saines conceptions.

Mais voici un livre, le plus authentiquement ancien que nous possédions, et qu'un naturaliste éminent, Geoffroy S. Hilaire, qualifie de monument mystérieux de l'origine de notre globe et de notre espèce (1). Si, cependant, sous le rapport de l'antiquité, le livre de Moïse peut échapper

(1) Is. Geoffroy S. Hilaire. — Hist. nat. gén. I. 3.

à la critique, il y sera perpétuellement soumis par les sujets dont il s'occupe. Suivant nous, c'est une erreur des plus graves d'en vouloir faire une encyclopédie des sciences ; c'est exiger trop. La Bible n'est pas même l'histoire des temps primordiaux, comme on l'a fort bien dit, mais seulement une relation des faits qui unissent la création du monde à l'histoire du peuple Hébreux. Moïse a soulevé un coin du voile et laissé caché bien plus de choses qu'il n'en a révélé. L'organisation de l'univers et toutes les choses que Dieu a faites, ne sont-elles pas d'ailleurs livrées à la dispute des hommes? Moïse n'a voulu être ni géologue, ni astronome, ni physicien, ni naturaliste, et, cependant, pour ne parler ici que d'histoire naturelle, il va droit au but ; il dit l'ordre de la création, et l'ordre d'apparition des êtres organisés est précis. Aussi Ampère dit-il de Moïse ou qu'il a une instruction aussi profonde que celle de notre siècle ou qu'il était inspiré (1), ce que Linné avait dit déjà : *neutiquam suo ingenio, sed altiore ductus* (2). Mais laissons de côté l'inspiration divine, pour ne parler que de la sagacité ; elle sera merveilleuse encore, car plus nos connaissances s'étendent, plus la cosmogonie de Moïse se justifie. Les fossiles suivent dans leur échelonnement l'ordre qu'il assigne et la géologie n'a-t-elle point établi, par des preuves physiques, que la surface du globe n'a pu exister de toute éternité dans les conditions actuelles,

(1) Ampère. — Théorie de la terre.

(2) Linnæus. Amœnitates academicæ.

qu'elle y est arrivée par une suite de créations distinctes, à des périodes parfaitement limitées entr'elles ?

On reconnait dans la Génèse une véritable classification des animaux ; ils y sont partagés en quatre classes, les poissons, les oiseaux, les quadrupèdes et les reptiles. C'est le mode de locomotion qui les différencie, la nage, le vol, la marche et le rampement (1). Au-dessus, l'homme, qui n'appartient à aucune de ces classes, qui est le maître de la création, donne aux animaux des noms qui sont, dit la Genèse, leur nom véritable. Nous sommes donc en droit de dire avec Geoffroy S. Hilaire que le premier homme fut aussi le premier naturaliste; et, si l'ancienneté d'une science peut ajouter à sa valeur, que l'histoire naturelle est la première de toutes (2). Cette division dont nous venons de parler, se reproduit plusieurs fois ; elle n'est donc pas accidentelle. Nous la retrouvons dans le Lévitique, dans le Deutéronome et dans les Livres des Rois qui nous apprennent que Salomon avait disserté sur les animaux de la terre, les oiseaux, les reptiles et les poissons (3). On trouve d'autres subdivisions encore ; les quadrupèdes sont partagés en domestiques et en sauvages ; et, parmi ceux qui vivent dans l'eau, on distingue nettement les cétacés. Cicéron, dans les Tusculanes (4) et dans Nature des Dieux (5), n'en admet pas d'autres.

(1) Bochart. — Hierozoicon. Præfatio. 20.

(2) Is. Geoffroy S. Hilaire. — Hist. nat. gén. I. 3. — Essais de zoologie générale. 11.

(3) De Blainville et Maupied. — Hist. des sc. de l'organisation. I. 23.

(4) Cicero. — Tusculanarum questionum. lib. V. 13.

(5) Cicero. — De natura Deorum. lib. II. 47.

Mais où sont les insectes? Il n'en est point question; il semble tout d'abord qu'ils ne puissent figurer dans aucun de ces groupes. Continuons la lecture et nous les verrons rangés tantôt parmi les reptiles, d'autres fois parmi les volatiles; parce que sous le nom de reptiles sont compris tous les petits animaux qui paraissent, à cause du peu de longueur de leurs jambes, plutôt ramper que marcher, la belette, la taupe, par exemple, dont nous disons vulgairement qu'elles rampent; et, avec eux, toutes les larves qui rampent, quand elles n'ont pas de pieds, ou qui se trainent sur de courtes pattes. Ceux au contraire qui peuvent sur des ailes s'élever dans l'air, sont des animaux ailés, des volatiles. L'abeille est petit entre les volatiles, dit l'Ecclésiastique, et son produit est doux : *brevis in volatilibus est apis* (1). Cette absence des insectes qui n'ont laissé que peu de traces de leur passage dans les couches de la terre, que l'on ne voit point figurer aux premiers jours de la création, et que l'on ne voit apparaître que plus tard et comme une plaie, n'a point été sans être remarquée. Les mahométans ont prétendu que Dieu avait fait les sauterelles avec la boue qui restait de ce qui avait servi à former l'homme (2). François Vallée plus connu sous le nom de Vallesius à Covarruvias, médecin du roi d'Espagne Philippe II, l'un des commentateurs les plus renommés d'Hippocrate, d'Aristote et de Galien, émettait encore à la fin du XVIe siècle cet avis qu'un grand nombre d'in-

(1) Liber Ecclesiastici. XI. 3.

(2) Bochart. — Hierozoicon. Prefatio. 48.

sectes, les poux, la vermine et une foule d'animalcules alors sans nom, qui naissent de la pourriture et de la saleté, n'ont pu exister dès le commencement ; qu'Adam avait été créé sans maladie, qu'il vécut ainsi jusqu'à ce qu'il eût péché, et il ne doute point que les êtres qui viennent de la pourriture, les algues qui naissent sur les eaux croupissantes et qui sont plutôt des saletés que des choses, comme dit Aristote, ne soient venus après la création complète du monde (1). Cette pensée de Vallesius dans sa *Philosophia sacra* n'était point nouvelle, elle n'est qu'une reproduction de celles de Marcion, de Valentin et d'Apellès, hérésiarques du IIe siècle, et d'un assez grand nombre de commentateurs de la Bible. Arnobius, au IIIe siècle, ne pense pas non plus que les mouches, les scarabées, les punaises, les charançons, les mulots et les teignes soient l'œuvre du Dieu tout-puissant. Quelle en est la cause, il n'en sait rien, et on ne saurait, dit-il, lui reprocher de ne pas savoir d'où viennent des animaux nuisibles et sans raison d'être (2). Plus tard le célèbre Pierre Comestor partage ces mêmes idées (3). Mais S. Jérôme, dans l'épître à Philemon, combat cette doctrine (4), et S. Augustin a dit, pour me servir du langage d'un des anciens traducteurs de la Cité de Dieu : « Il n'y a aucune nature mesme aux dernières et plus infimes

(1) F. Vallesius. — Philosophia sacra. p. 29.

(2) Arnobius. — Adversus gentes. lib. II. p. 75.

(3) Petrus Comestor. — Historia scholastica. Genesis. VIII.

(4) S. Hieronymi opera. IV. 442.

bestelettes qu'il n'ait créée et ordonnée (1) ; » et plus loin : « Il n'y a que le Dieu souverain qui face les natures mesmes, en quelque sorte que elles soient faictes ou produites (2). » Les animaux sont-ils donc faits seulement pour l'usage de l'homme ; tous ne concourent-ils point à la perfection de l'univers, tous n'ont-ils point un rôle dans ce concert harmonieux de la nature? L'homme d'ailleurs a-t-il donc découvert tout ce qu'il y a de mystères dans le monde matériel et dans toutes les forces qui le font mouvoir ?

Le nombre des insectes nommés dans la Bible est très-petit. Ce sont, en suivant l'ordre dans lequel ils paraissent, et je me sers de la Vulgate, les poux, les sauterelles, les taons, l'abeille, la puce, la teigne et la fourmi. Chose remarquable, on y trouve un représentant de chacun des ordres dans lesquels sont distribués aujourd'hui les insectes, à l'exception de ceux des coléoptères et des névroptères. Le texte hébreux et les autres versions n'enrichissent guère cette nomenclature.

On a beaucoup discuté pour éclaircir cette partie de la Bible, et Samuel Bochart, dans son Hierozoicon, publié en 1667, y a dépensé des trésors d'érudition. Godaert, de Mey, Wezaert, Lesser, Lyonnet, Michaelis, en ont touché quelques points ; mais l'entomologie n'était pas faite au temps où ils écrivaient, et partant le problème était insoluble. Il a été repris depuis par William Carpenter (3),

(1) S. Augustin. — De la Cité de Dieu. Le tout faict françois par Gentian Hervet. XI. 15.

(2) Ibid. XII. 25.

(3) Scripturæ sacræ cursus completus. Historia naturalis. III. 491.

Kirby et Spence et tout dernièrement par M. le colonel Goureau (1). Ce sont ses conclusions que j'ai adoptées.

Les insectes ne figurent dans la Bible que comme des points de comparaison ou comme des fléaux, si j'en excepte quelques-uns permis ou défendus comme aliments dans le Lévitique. Il y a, dit Salomon dans les Proverbes, quatre choses qui sont plus sages que les sages, et il cite la fourmi, ce petit peuple qui fait provision pendant la moisson (2) et les sauterelles qui n'ont point de roi et qui toutefois marchent par bandes (3). Il est souvent fait allusion à l'activité de la fourmi, à l'industrie utile des abeilles. La puce figure la sottise du roi d'Israel qui se met en campagne pour une victoire stérile (4); la teigne, qui ravage nos vêtements de laine, est le symbole de la destruction (5), comme aussi de la fragilité et de la méchanceté de l'homme (6).

Rien ne nous montre que les Hébreux aient connu la culture de l'abeille ni qu'ils l'aient pratiquée. Le miel y paraît toujours le produit d'abeilles sauvages. Samson, retrouvant après quelques jours le cadavre d'un lion qu'il avait tué, vit dans sa gueule un essaim d'abeilles et un rayon de miel (7). On a noté ce fait, qui n'a rien de

(1) Mémoires de la Société des sciences historiques et naturelles de l'Yonne. XV. 1.

(2) Proverbiorum lib. XXX. 25.

(3) Ibid. XXX. 27.

(4) Liber I Regum. XXIV. 15. — XXVI. 30.

(5) Job. XII. 28.

(6) Ibid. IV. 19. — Isaias. L. 9. — LI. 8.

(7) Liber Judicum. XIV. 8.

contraire à l'origine que nous verrons donner aux abeilles, comme en contradiction avec l'observation des naturalistes, qui affirment que l'abeille aurait fui cette demeure infecte. Nous retrouvons cependant dans Hérodote un fait analogue. Les habitants d'Amathonte trouvèrent, après quelques jours, un essaim dans la tête d'Onesilus qu'ils avaient suspendue à l'une de leurs portes (1), et Aldrovande rapporte que la foudre ayant ouvert à Vérone, en 1566, le tombeau des sœurs du jurisconsulte Vitalis, mortes l'une en 1558 et l'autre en 1562, on trouva des rayons de miel que des abeilles avaient formés entre les deux cadavres (2).

Que sont les sciniphes, l'instrument de la troisième plaie envoyée par Dieu contre les Egyptiens? Philon, Origène, S. Augustin et les traducteurs de la Vulgate en ont fait des moucherons, d'autres de la vermine, peut-être tous ces acarides qui infectent les bêtes et les plantes. L'historien Josephe en fait des poux dont les lavages et les onctions ne pouvaient débarrasser les Egyptiens (3). Les naturalistes modernes en font la tique ou pou de Pharaon, qui s'attaque aux hommes et aux animaux, atteint la grosseur d'une noisette, quand il est plein de sang; et qui, si on l'arrache, laisse sa tête dans la plaie dont il fait un ulcère (4).

On n'est point d'accord sur la quatrième plaie que les

(1) Herodoti historiarum lib. V. 114.

(2) Aldrovandus. — De insectis. I. 110.

(3) Josephi antiquitatum judaicarum lib. II. 14.

(4) Goureau. — Mém. de la Soc. de l'Yonne. XV. 9.

uns attribuent à la *cynomia*, sorte de mouche particulière, d'autres à un mélange de mouches, c'est aussi l'avis de Josephe (1); d'autres à ce diptère terrible que le seigneur devait en sifflant appeler contre les Israélites, suivant la menace d'Isaïe (2), et dont on a fait le cousin, ennemi tellement incommode qu'en temps ordinaire, dit Hérodote, on se réfugiait sur de hautes tours pour les éviter (3), et qu'une ville d'Achaïe dut, au rapport de Pausanias, être abandonnée de ses habitants, à cause des cousins qui l'infestèrent à la suite d'un dessèchement (4).

Même incertitude sur les *crabones*. Est-ce la redoutable mouche d'Isaïe, ou celle dont parle Bruce? Est-ce le frelon, la guêpe, le taon, qui devait mettre en fuite les habitants du pays où entrait Israel? Tous ces avis sont admissibles. Elien rapporte que les Phaséliens établis sur la montagne de Sélime furent chassés de leur pays par les guèpes (5). On n'ignore pas que les taons de grande taille font de telles blessures que le sang ruisselle sur la peau des bœufs et des chevaux qu'ils ont attaqués. Vous le voyez, on ne peut faire que des conjectures. D'ailleurs tous les diptères paraissent avoir inspiré une grande terreur. Le dieu mouche ou dieu des mouches Béelzébut, que l'on invoquait contr'eux, ne témoigne-t-il point de

(1) Fl. Josephi antiquitatum judaicarum lib. II. 14.

(2) Isaias. VII. 18.

(3) Herodoti historiarum. lib. II. 95.

(4) Pausanias. Lib. VII. 2.

(5) Ælianus. — De natura animalium. Lib. XI. 28.

cette influence pernicieuse dont Moïse pouvait promettre le secours à son peuple (1).

Quant aux insectes désignés sous le nom de sauterelles et qui composent la huitième plaie, on y reconnaît sans peine les criquets, les seuls orthoptères qui voyagent par bandes. Si la terre des Hébreux était fertile en sauterelles, leur langue abonde également en noms donnés à cet insecte. On en compte jusqu'à dix qui signifient, multiple, issu de la terre, qui coupe, qui brûle, qui marche en troupe, qui voile, qui sonne (2). Les Grecs n'en avaient guère moins, si l'on consulte le dictionnaire d'Hesychius. Tous ces noms, qui ne sont point synonymes, s'appliquent-ils à des espèces différentes. M. Lichstentein croit y reconnaître des Grillons, des Locustes, des Truxales, des Achètes, ce qui impliquerait une distinction familière aux Hébreux (3). Etaient-ils observateurs à ce point qu'ils distinguassent les espèces? On le pourrait croire, car les sauterelles de Joel (4) ne sont point celles d'Amos (5). D'autres auteurs ont trouvé non des espèces, mais des états différents des différentes espèces. On sait, en effet, que ces insectes ne subissent qu'une demi métamorphose qui se réduit au développement des élytres et des ailes dont la larve manque tout-à-fait, et que la nymphe possède à l'état rudimentaire.

(1) Regum lib. IV. I. 2.

(2) Bochart. — Hierozoicon. II. 442.

(3) Lacordaire — Introduction à l'entomologie. II. 621.

(4) Joel. I. 4.

(5) Amos. VII. 1.

On sait aussi que larves, nymphes et insectes parfaits marchent ou sautent et se nourrissent des mêmes aliments et avec la même voracité.

Mais laissons là cette discussion stérile, car, de toutes les interprétations, on ne saurait conclure qu'une chose, c'est que la véritable signification des noms était depuis longtemps inconnue. Avouons donc notre impuissance à cet égard, comme nous sommes aussi forcés de l'avouer quant à la loi qui préside au rassemblement des sauterelles et à l'espèce de volonté qui semble diriger leur marche.

Si l'on n'est point d'accord sur les espèces, on ne discute point sur les ravages dont elles sont capables et qui ne font que précéder la famine et la peste. L'Ecriture compare le bruit de leurs ailes à celui des chars et des cavaliers courant à la bataille, leur ravage à la crépitation des flammes, tandis que leur vol obscurcit le ciel. Il n'y a là ni hyperbole ni exagération, pas même dans la saisissante description de Joel (1). Pline en fait une description qu'un poète oriental ne désavouerait point (2). L'historien Crose, Brown en Afrique, Forbes dans l'Inde, Schaw en Barbarie, Cluvier en Orient, Niebuhr en Arabie ont été témoins de ces ravages incroyables, mais la description qu'en a faite Volney est la meilleure confirmation des récits de la Bible. « La terre en est couverte, dit-il, sur une espace de plusieurs lieues. On entend de loin le bruit qu'elles font en broutant les herbes et les arbres comme

(1) Joël. II. 5. 10.

(2) C. Plinius. — Hist. nat. lib. XI. 35.

une armée qui fourrage.... On dirait que le feu suit leurs traces. Partout où leurs légions se portent, la verdure disparaît de la campagne, comme un rideau que l'on plie... Lorsque ces nuées de sauterelles prennent leur vol pour surmonter quelques obstacles, ou pour traverser plus rapidement un sol désert, on peut dire, à la lettre, que le ciel en est obscurci.... Les vents les chassent vers la mer. Elles s'y noient en si grande quantité, que lorsque leurs cadavres sont rejetés sur le rivage, ils infectent l'air pendant plusieurs jours à une grande distance (1) ». J'ajouterai avec Barrow, qu'en 1797 les cadavres d'une nuée de sauterelles formèrent sur la côte d'Afrique un banc de plus d'un mètre de haut, long de plus de 80 kilomètres, et que l'odeur des corps putréfiés se répandit à plus de 250 kilomètres dans les terres (2).

Si la sauterelle était un fléau de Dieu, elle était en temps ordinaire une nourriture assez recherchée dont le Lévitique permettait l'usage (3). Les Hébreux seuls n'étaient point acridophages. Tout l'Orient mangeait des sauterelles, et les Grecs paraissent en avoir été friands. Aristophane nous en montre sur les marchés d'Athènes, avec les poules et les oignons (4) ; on les servait cuites avec de l'huile, en beignets avec du miel, ou seulement séchées, salées et fumées. Etait-ce une nourriture saine ? On en douterait, s'il est vrai que les habitants d'Ethiopie

(1) Volney. — Œuvres. II. 273.

(2) Audinet-Serville. — Orthoptères. 560.

(3) Leviticus. XI. 22.

(4) Aristophanes. — Acharnenses. Act. IV. 1.

qui en vivaient, devenaient secs et maigres, que leur vieillesse était précoce et qu'il leur sortait du corps une multitude de vers, une vermine ailée qui les dévorait et les faisait périr dans d'horribles souffrances (1).

J'ai supposé, vous l'avez dû voir, avec les écrivains que j'ai suivis, que les insectes dont Dieu s'est servi existent encore, comme ils paraissent avoir existé antérieurement, qu'il les a seulement multipliés pour ces prodiges, et qu'il n'en a point été créés pour cette fin spéciale, qui furent anéantis après la vengeance. C'est l'avis du reste des orthodoxes.

Quoi qu'il en soit de ces incertitudes, nous n'en devons pas moins remarquer que Moïse a été le premier classificateur, et noter les divisions admirables qu'il a établies et qui sont restées la base des classifications généralement adoptées, tant il est vrai que la Bible renferme en quelques lignes le sommaire des conséquences les plus remarquables de la science profane.

Si jusqu'ici nous avons dû chercher des notions entomologiques là où elles ne pouvaient se rencontrer que par accident, nous allons maintenant trouver des traités spéciaux, qui nous donneront une idée véritable de ce qu'elles étaient chez les anciens. Pour cela, il nous faut nous transporter chez les Grecs. Les sciences en effet se sont développées chez eux avec une rapidité, une sûreté plus grande que partout ailleurs.

Ceux qui ont lu leurs poètes et leurs historiens ont été frappés des observations justes qu'ils renferment sur

(1) Audinet-Serville. — Orthoptères. 564.

l'organisation de l'homme et des animaux, sur leurs mœurs et leurs habitudes, et surtout de la diffusion si grande, j'allais presque dire si générale, de ces notions. Ceux qui ont admiré les œuvres d'art de la Grèce, ses peintures et ses statues, ne l'ont pas été moins, car vous admettrez avec nous, que l'une des principales conditions de l'art, comme l'a si bien dit le savant auteur de la Cène, Léonard de Vinci, c'est une connaissance approfondie de la forme vivante.

Nous n'essaierons point de passer en revue les différentes écoles qui se sont succédé chez les Grecs, ni de répéter que là, comme toujours, à l'origine, toutes les branches du savoir humain furent cultivées simultanément sous le nom de philosophie. Disons seulement que l'école ionienne se distingua par ses vues sur les sciences naturelles, que l'italique offrit quelques idées exactes sur l'embryogénie, que l'atomistique fonda l'anatomie et que Démocrite, pour conserver l'expression de Cuvier (1), fut le premier anatomiste comparateur. Joignons-y l'école médicale dont Hippocrate fut le plus illustre représentant. Cependant les erreurs les plus ridicules s'allient aux idées les plus saines, et Anaxagore, qui demandait déjà à l'observation la raison des faits, croyait que la belette faisait ses petits par la bouche et la corneille par le bec (2). Socrate regrettait de ne posséder point de connaissances physiques assez étendues, et la zoologie de Platon, fondée sur la métempsychose, n'était guère de nature à faire

(1) G. Cuvier. — Hist. des sc. nat. I. 103.

(2) Aristote. — De generatione lib. III. 6.

progresser cette science. Hâtons-nous d'ajouter que dans Timée, quand il parle de la génération des êtres et de l'organisation de l'univers, il a si peu sur ce point une doctrine scientifique, qu'il la réduit à une simple opinion. N'oublions pas trois historiens, Hérodote, Xénophon et Ctesias auxquels l'histoire naturelle doit des faits positifs et d'un véritable intérêt, quoiqu'ils soient mêlés de bien des fables.

Enfin paraît Aristote, le premier naturaliste de l'antiquité. Spécial en même temps qu'universel, Aristote est à lui seul une encyclopédie. Véritable phénomène de l'esprit humain, il touche à tout et partout en maître. Non seulement il devance son siècle, mais encore il s'avance au loin dans l'avenir ; et, par un privilège qui ne fut accordé qu'à lui seul, il se trouve encore, plus de vingt siècles après sa mort, par plusieurs de ses conceptions, un auteur progressif et nouveau, pour me servir d'une heureuse expression de Geoffroy St.-Hilaire (1). Toutes les connaissances, jusqu'à lui confondues, sont par lui séparées, divisées, subdivisées d'après les analogies, avec une toute puissance incroyable (2). Ajoutons qu'il est le premier par lequel nous connaissons quelque chose des anciens philosophes, qu'il est leur historien le plus sûr et le plus digne de foi, le plus juste appréciateur de leurs doctrines et de leurs opinions (3). Mais ce qui doit surtout nous occuper, c'est son histoire des animaux. Il y a en effet

(1) Is. Geoffroy S. Hilaire. Hist. nat. gén. I. 21.

(2) G. Cuvier. — Hist. des sc. nat. I. 131.

(3) De Blainville. — Hist. des sc. de l'org. I. 38.

soumis à une analyse si sévère les divers éléments de leur organisation, que les plus savants naturalistes de nos jours admirent sa science en anatomie et en physiologie comparées, plus, assurément, que ne l'a fait l'antiquité elle-même, plus d'ailleurs qu'elle ne le pouvait faire. On sait combien la libéralité de son royal élève aida Aristote dans ses richesses, car on n'évalue pas à moins de 800 talents, c'est-à-dire à plus de 4 millions de francs, ce que coûta sa bibliothèque. Que ne durent point coûter alors les envois d'Alexandre, qui expédiait à Aristote les produits de tous les pays qu'il parcourait, de sorte que chacune de ses victoires était en même temps une conquête pour la science.

Voyons ce que lui doit l'entomologie.

Dans son premier livre de l'histoire des animaux, Aristote décrit les diverses parties de leurs corps non par espèces, mais par groupes, exprimant leurs ressemblances et leurs dissemblances avec une précision qui tient de l'aphorisme. Les animaux y sont divisés en deux classes, ceux qui ont du sang et ceux qui n'en ont point et ces derniers en quatre groupes, les mollusques, les crustacés, les testacés et les insectes (2), division qui fut maintenue jusqu'au siècle dernier. Il nomme insectes les animaux dont le corps est partagé en segments par des incisions en dessous ou en dessus ou bien en dessous et en dessus à la fois (1). Cette division comprend ainsi les annélides et les vers de Linné; mais, au livre IV, il exclut

(1) Aristoteles. — De animalibus historiae. lib. I. 6. IV. 1.

(2) Ibid. I. 6. IV. 1.

les apodes (1) de sorte que ses entomes ou insectes correspondent à peu près aux articulés de Cuvier, moins les annélides et les crustacés, exclusion qui limite cette classe bien mieux que ne l'ont fait tous les naturalistes du dernier siècle. Cette grande division a été, vous le savez, subdivisée depuis, et le nom d'insectes restreint à quelques-uns seulement des animaux qui s'y trouvaient placés et dont j'ai donné plus haut les caractères.

Dans le livre IV de son histoire des animaux, Aristote s'occupe spécialement des insectes, mais il convient aussi de lire les livres V et IX, les traités des parties, de la génération et du sommeil, qui le complètent en certains points par des détails nouveaux ou plus circonstanciés.

Tout d'abord Aristote remarque que cette classe contient beaucoup d'espèces qui, bien que voisines, n'ont pas de dénomination commune, comme les abeilles et les insectes qui ont les ailes dans un étui (2). Il distingue trois parties qui appartiennent à tous les insectes, la tête, le ventre et la partie intermédiaire, qui est chez les autres animaux la poitrine et le dos. Ils n'ont ni arète, ni os, leur corps se soutient de soi par sa solidité naturelle et n'a pas besoin d'autre appui. Ils ont de la peau, mais une peau extrêmement fine. Ils ont plusieurs pieds, parce qu'ayant peu de chaleur et de vivacité, le grand nombre de pieds facilite leur marche. Voilà pour les parties extérieures. Les parties intérieures sont un intestin ordinairement simple qui va droit à l'issue. Quelques-uns ont un esto-

(1) Ib. IV. 6. — Lacordaire. — Introduction à l'entomologie. II. 622.

(2) Aristoteles. — IV, 7.

mac ; c'est de là que part l'intestin, qu'il soit droit ou à replis tortueux, et cependant il leur refuse des viscères (1). Mais la signification des mots est-elle bien comprise ? Tous les insectes ont des yeux, dit-il, mais il ne découvre point chez eux l'organe des autres sensations, si ce n'est chez quelques-uns la langue, qui est l'organe du goût. Cependant il leur reconnaît les cinq sens, et il les prouve par des exemples (2).

En parlant de la voix, il distingue très-bien la voix réelle produite par l'expulsion de l'air répandu dans les poumons, du bruit qui l'imite. Aussi les insectes n'ont pas de voix, ils donnent des sons, et il décrit avec beaucoup d'exactitude l'appareil musical. Il y en a, dit-il, qui bourdonnent comme l'abeille et les insectes ailés, il y en a d'autres qu'on dit chanter, comme les cigales (3). Tous ceux dont le corps est divisé donnent au moyen de la membrane placée sous la ceinture un son produit par le froissement de l'air. Les mouches, les abeilles et tous les autres produisent un son en élevant et en abaissant leurs ailes quand ils volent, car le son est le froissement de l'air extérieur. Les criquets le produisent en frottant leurs jambes de derrière. — Il a très-bien remarqué que les yeux des insectes n'ont point de paupières, que l'on peut couper un insecte en plusieurs parties et que chaque segment vit assez longtemps. La cause en est, dit-il, que chaque partie est constituée comme si elle était un animal.

(1) Aristoteles. — De partibus animal. III. 7.

(2) Ib. — De animal. hist. IV. 8.

(3) Ib. — IV. 9.

Le livre v contient sur la génération des vérités surprenantes à côté d'erreurs qui ne le sont pas moins et qui cependant se sont propagées pendant des siècles (1). Il connaît des insectes produits par d'autres de mêmes familles, d'autres qui naissent spontanément et non de congénères ; de ceux-là, les uns viennent de la rosée qui tombe des feuilles, d'autres de la boue ou du fumier qui se corrompent, dans le bois sur pied ou dans le bois sec, dans les poils des animaux, dans leur chair, dans leurs excréments, qu'ils soient rejetés ou qu'ils soient encore dans leurs intestins. Les animaux qui naissent d'excréments et qui ont mâles et femelles s'accouplent et produisent ; mais le produit n'a rien d'eux et il est imparfait. Et cependant il dit : tous se reproduisent par le moyen d'un ver ; et, plus loin : il n'en est pas du ver comme de l'œuf, ce n'est pas d'une partie seulement que se forme l'animal, mais le ver croît et devient l'animal formé de toutes pièces (1).

Les métamorphoses ne lui sont point inconnues ; il connaît l'œuf, la larve, la chrysalide, la forme définitive. Ecoutez plutôt cette histoire du papillon du chou. « D'abord il est moindre qu'un grain de millet, ensuite un petit ver qui grandit, au bout de trois jours c'est une petite chenille. Quand ces chenilles ont pris leur accroissement, elles deviennent sans mouvement et changent de forme. On les appelle chrysalides ; elles sont enfermées dans une enveloppe dure ; mais, si on les touche, elles remuent. Peu de temps après l'enveloppe se rompt et

(1) Hist. anim. l. 5.

nous voyons s'envoler des animaux ailés que nous nommons papillons(1). » On ne saurait assurément décrire plus nettement ni plus simplement l'évolution complète de ce papillon. Aussi regrettait-on de lire au commencement de cette description : les papillons viennent des chenilles et les chenilles *des* feuilles vertes. Mais de meilleures leçons ont fait disparaître cette erreur qu'attribuaient à Aristote les anciennes éditions, et nous lisons aujourd'hui, dans toutes les modernes : les papillons nous viennent des chenilles et les chenilles *sur* les feuilles vertes (2).

Aristote n'a point seulement observé les métamorphoses complètes, il connaît aussi les incomplètes, dans lesquelles la larve ne diffère de l'insecte parfait que par les ailes, et acquiert plus tard ces organes de locomotion.

Il n'est pas moins exact quand il parle des guêpes maçonnes, des bourdons ; des friganes, de l'étui dont leurs larves s'enveloppent, quoiqu'il ne connaisse pas bien l'animal ailé qui en sort ; des teignes qui dévorent les laines ; de la génération des cigales qu'il a chassées, on n'en saurait douter, quand il rapporte qu'elles jettent en s'envolant quelque chose de liquide comme de l'eau, que si on les approche lentement, en remuant le doigt, de façon à baisser et à relever alternativement la dernière phalange, les cigales demeurent tranquilles, et que bientôt elles sautent sur le doigt comme sur une feuille agitée (3).

(1) Hist. anim. V. 19.

(2) On lit : γίνονται ἐπὶ τῶν φύλλων τῶν χλωρῶν, où on lisait : γίνονται ἐκ τῶν φύλλων.

(3) Hist. anim. V. 30.

Tous ces détails de mœurs sont fréquents dans Aristote, soit qu'il parle de la nourriture, du sommeil, de la maladie, de l'hibernation ou de l'industrie des insectes.

Les abeilles, qui formaient dans l'antiquité une si importante partie de l'économie agricole, ne pouvaient manquer d'appeler ses recherches. Il les décrit, suit leur développement, leur travail, et l'on est surpris de l'accord de quelques-unes de ses réflexions avec celles de nos plus exacts observateurs. La génération des abeilles est pour lui un problème des plus difficiles ; il l'examine sous toutes les faces, il essaie toutes les combinaisons entre les abeilles, les frelons et les rois, les supposant tour à tour mâles ou femelles ou tout à la fois ; et il finit, à bout d'hypothèses, par avouer qu'il n'y avait point de faits suffisants, et que seuls les faits vaudraient mieux que tous les raisonnements possibles. Cependant il fait remarquer que le roi pourrait bien être la femelle, et il n'était point sans avoir observé que cet être puissant et privilégié avait une cellule plus vaste, et qu'il recevait une nourriture spéciale et plus abondante.

Mais j'abrège ces détails beaucoup trop longs déjà, et j'aime mieux prendre au hasard quelques traits qui sont comme des aphorismes et qui feront juger de la profondeur des remarques d'Aristote et de son esprit généralisateur. — L'estomac, la bouche et l'intestin sont les seules parties communes à tous les animaux, qu'ils aient du sang ou qu'ils n'en aient point. — Tous ceux qui n'ont point de poumons n'ont point de voix. — Les animaux qui ont plus de quatre pieds n'ont point de sang. — Les animaux volants dont les ailes sont des membranes sèches, n'ont point de sang. — Les insectes qui ont l'aiguillon à la partie postérieure du corps ont quatre ailes, ceux qui le portent à la partie antérieure n'en ont que deux. — Toute aile qui est d'une seule pièce ne renaît point, quand elle est arrachée. — Les insectes qui ont une langue n'ont point de dents, à quelques exceptions près, et la langue est comme l'arme de ceux qui n'ont point d'aiguillon en arrière. — Comme chez tous les animaux, la femelle qui se reproduit par le moyen d'un œuf ou d'un ver, est plus grande que le mâle. — Les parties antérieures et supérieures sont chez le mâle plus grandes, tandis que ce sont les inférieures et les postérieures chez les femelles. — Ceux des insectes qui ont des dents sont omnivores. — Ceux qui ont une langue se nourrissent seulement de substances liquides. — Les insectes se portent bien dans une température semblable à celle de la saison où ils sont nés. — Dès qu'ils ont peur, ils cessent de se mouvoir, ils se ramassent et durcissent leurs corps. — Je m'arrête, et ces quelques lignes vous suffiront. Que d'observations n'a-t-il point fallu pour arriver à formuler des propositions si générales ! Combien d'êtres n'a-t-il point dû examiner pour déduire de pareilles conclusions ! Et cependant que de choses Aristote a ignorées, que d'erreurs il a commises ! Ainsi il a méconnu les organes de la respiration chez les insectes, puisqu'il assimile la leur à celle des poissons, et cependant il sait que tous meurent si on les frotte d'huile (1). Il ne reconnait aux insectes ni sang, ni viscère, ni graisse. Il ne signale

(1) Hist. anim. VIII. 27.

point la langue roulée sur elle-même des papillons, ni les écailles de leurs ailes, cette poussière brillante qui leur donne tant d'éclat. Quant à la reproduction, Aristote, on ne saurait le nier, admettait pour la plupart des insectes la génération spontanée : il pensait que généralement il naît des animalcules des corps durs qui deviennent humides, et de tous les corps humides qui deviennent secs, pourvu qu'ils puissent les nourrir, et que, partout où les éléments constitutifs se rencontrent dans les proportions et dans les circonstances nécessaires, il en résultait des êtres vivants (1) ; il savait cependant que les insectes s'accouplent, car il disait de quelques-uns qu'ils naissent d'œufs ou de vers (2).

Suivant lui, le ver était la production la moins achevée, la moins parfaite. Mais le ver devenait un œuf lorsqu'il passait à l'état de chrysalide, et c'est de cet œuf que sortait l'animal parfait (3). Je n'entrerai point dans l'examen des causes que donne Aristote, j'avoue franchement que ses causes finales ne m'ont point toujours satisfait. J'ajouterai qu'il admet l'existence d'animaux fabuleux et qu'il va même jusqu'à faire naitre des insectes dans des milieux qui paraissent les moins propres à leur développement, dans la neige qui a vieilli, dans le feu lui-même (4). Mais gardons nous de trop de critique. Aristote n'avait point à sa disposition les instruments puissants dont nous

(1) Aristoteles. — Hist. anim. V. 32.

(2) Ib. V. 19.

(3) Ib. — De generatione. III. 9.

(4) Ib. — Hist. anim. V. 19.

disposons, le microscope, qui a dissipé tant d'erreurs et dévoilé tant de merveilles. Que de faits regardés comme des fables sont devenus des vérités ! Qui savait, il y a peu d'années, que les balles de plomb de nos cartouches nourrissaient et abritaient des insectes (1) ?

On a reproché à Aristote son défaut de méthode et de descriptions systématiques des genres et des espèces. Je pense, avec Sprengel, qu'il mérite plutôt des louanges à cet égard, parce que de son temps un système quelconque aurait été prématuré (1). MM. Kirby et Spence ont essayé cependant de déduire, des indications éparses dans ses livres, une classification, et ils ont remarqué que nos principales divisions actuelles s'y trouvent indiquées déjà, quoique vaguement (2). Cuvier signale un défaut qui nous parait plus réel. Comme tous les naturalistes anciens, dit-il, Aristote a cru que les noms par lesquels on désignait de son temps les animaux ne changeraient point, et il se borne presque toujours à nommer les espèces sans en faire la description (3). Ceci peut s'appliquer surtout aux insectes. Aussi est-il difficile de déterminer exactement auxquels de nos genres actuels correspondent les quarante-sept insectes qu'il a nommés. On ne tient point assez compte, généralement, du rôle que jouent les mots dans la transmission des connaissances acquises. C'est

(1) Comptes rendus de l'Acad. des sc. XLVI. 1211. — LIII. 320. — LVI. 219.

(2) Sprengel. — Essais d'une hist. pragm. de la médecine. I. 437.

(3) Lacordaire. — Introduction à l'entomologie II. 624.

(4) Cuvier. — Hist. des sc. nat. I. 166.

ainsi que, jusqu'à ces derniers temps, la plus profonde obscurité a régné dans la détermination des espèces, parce que, les découvertes nouvelles faisant à chaque instant un besoin de nommer, on a donné souvent à des choses inconnues les noms des choses connues qui leur ressemblaient le plus. Quoi qu'il en soit, les connaissances entomologiques d'Aristote n'en sont pas moins des plus importantes, et l'on sent que son livre est une œuvre originale, fruit d'études faites sur les choses elles-mêmes. Aussi comprendrons-nous sans peine que l'ensemble de ses travaux, qui embrassaient à la fois le monde intellectuel et le monde matériel jusque dans les infiniment petits, ait pu être considéré comme un travail commun à l'élite des savants d'une des plus grandes époques de la civilisation grecque (1). On aura, du reste, une idée de l'immense étendue de son traité des animaux, en jetant un coup-d'œil sur le tableau d'ensemble si clair et si net qu'en a donné M. de Blainville (2).

Un des disciples d'Aristote, Théophraste, continua et compléta l'œuvre de son maître. Chacun de vous a lu son livre des Caractères, en même temps que les malicieuses et fines observations de La Bruyère auxquelles il a donné naissance et qui portent le même titre. Plus connu des naturalistes par son immense et savante histoire des plantes, Théophraste s'était aussi occupé de zoologie. Photius nous a conservé dans sa Bibliothèque des fragments qui font vivement regretter ce qui est perdu. En

(1) Is. Geoffroy S. Hilaire. — Essais de zoologie générale. 16.

(2) De Blainville. — Hist. des sc. d'org. 217.

ce qui concerne les insectes, il paraît rejeter la génération spontanée, comme il repousse l'opinion de ceux qui croyaient que les grenouilles tombaient du ciel avec la pluie, ainsi que quelques personnes le pensent encore. Pour lui la putréfaction de certaines substances serait une cause du développement des mouches qui y abondent, parce que leurs œufs y trouvent des conditions favorables à leur conservation, mais elle n'en est point la raison. Cependant il fait venir le miel de trois sources, des fleurs, des feuilles et de l'air, et les abeilles n'ont qu'à le recueillir (1).

Il nous faut maintenant quitter la Grèce pour passer à Alexandrie, qui est devenue, après la division de l'Empire d'Alexandre, le centre de toutes les connaissances humaines, le rendez-vous des savants qui s'y rassemblent de toute part. Les encouragements en effet n'y manquaient point ; riches bibliothèques, immenses collections, tout y était réuni. Mais nous n'y trouvons que des médecins, des anatomistes et point de naturalistes proprement dits. Quoique l'histoire naturelle paraisse tenir de bien près à la médecine, elle ne lui doit ici presque rien, et l'entomologie rien du tout. Hippocrate admettait la génération spontanée (2). Tous les animaux sont pour lui composés de deux substances divergentes pour leurs propriétés et convergentes pour l'usage, l'eau et le feu. L'eau emprunte au feu le sec et le feu emprunte à l'eau l'humide. En cet état ils sécrètent réciproquement hors

(1) Photii Bibliotheca. — Theophrastes. CCLXXVIII.

(2) Hippocrate. — Œuvres trad. par M. Littré. VI. 473. 475.

de soi des formes nombreuses et variées de germes et d'animaux ; et, ces éléments ne demeurant jamais au même point, mais changeant sans cesse, les êtres qui en sont sécrétés deviennent eux-mêmes dissemblables. Tous sont accrus par ces principes, tous se résolvent en ces principes. Hippocrate ne s'occupe des insectes que comme remède, et ces remèdes sont encore ceux de nos sorciers de village. En voici un pris au hasard. Prenez un bupreste, ôtez la tête, les pattes et les ailes, pilez le reste, y melez dedans de la figue. Cette préparation est excellente pour les femmes qui ont perdu la parole (dans les suffocations hystériques) (1).

J'emprunte les recettes entomologiques suivantes à Dioscoride Sept punaises de lit avalées en gousse de fèves, c'est-à-dire dans la peau d'une fève, avant que l'accès ne vienne, donnent grand secours aux fièvres quartes. — Avalées sans gousse de fèves, elles soulagent ceux qui sont mordus par les serpents aspics. — Bues en vin ou en vinaigre, elles font tomber les sangsues attachées aux corps des personnes. — Les cuisses de sauterelles, mises en poudre et mêlées avec du sang de bouc, guérissent de la lèpre ; mêlées avec du vin, elles guérissent des piqûres de scorpion. — Les entrailles des blattes qui se nourrissent aux fours et moulins, broyées ou cuites en huile, sont fort bonnes aux douleurs d'oreilles. — Ceux qui se oindront le corps de chenilles de jardins avec huile d'olive, seront préservés des morsures des bêtes venimeuses (2). Ce remède est un peu vague, on ne dit

(1) Ibid. VIII. 159.

(2) Dioscorides. Lib. II. 33. 35 46. 53.

point quelle chenille de jardin et elles sont nombreuses!

En voici d'autres tirées de Galien. Cigales sèches avec pareil nombre de grains de poivre sont excellentes contre la colique (1). En ordonner 3, 5, 7, par intervalle, au fort de la maladie. Mais Galien ne comprenait point comment des plantes naissaient des vers, et comment des chevaux et des bœufs sortaient des guêpes et des abeilles. Ce qui n'étonne point de la part d'un homme qui enrichit l'anatomie et la physiologie de tant de vérités importantes.

Si nous parcourons les autres écrivains grecs qui viennent ensuite, nous trouverons bien des ouvrages où les naturalistes puiseront des renseignements, par exemple, Diodore de Sicile, Strabon et Pausanias, parmi les historiens et les géographes; mais il n'y est point question d'insectes. Plutarque parle botanique dans ses propos de tables, mais il nous intéresse tout particulièrement dans son livre: *Quels animaux sont les plus adviséz*. Il leur accorde la raison, « *car ils en ont*, je me sers ici de la traduction d'Amyot (2), *mais elle est foible et trouble, ne plus ne moins qu'un œil qui est obscurcy et terny*, » et il en cite des exemples. Les abeilles de Candie ayant à doubler une pointe de terre sur la mer « *qui soit un peu subjecte aux vents, portent sur elles de petites pierrotes pour s'affermir, ne plus ne moins que l'on met lestage au fond des navires, pour les tenir fermes et droittes, afin que le vent ne les emporte oultre leur gré.* » Rien de charmant comme sa description des fourmis. Là il voit l'amitié, la

(1) Galenus. — De simplicium med. facul. lib. XI.

(2) Plutarque. XIX. 99. 115. 117.

société, l'image de vaillance et de prouesse, plusieurs marques de prudence et plusieurs apparences de justice; il ne voit pas « *si petit mirouer qui représente de plus belles et de plus grandes choses,* » bien qu'il ne reçoive pas tout ce que disent ceux qui ont fait comme une anatomie des fourmilières. Nous y trouvons cette idée que nous reverrons dans Pline, qui en fut le propagateur, c'est que les fourmis rongent le bout du grain où est le germe, pour l'empêcher de sortir.

Athenée, qui, dans le Banquet des Deipnosophistes, peut être consulté avec intérêt sur les poissons et les mollusques, est muet sur les insectes. Il en est de même d'Oppien dont les traités sur la pêche et sur la chasse sont pleins de faits intéressants.

N'oublions pas Lucien, l'écrivain humoristique, comme on dirait aujourd'hui.

Si dans les philosophes à l'encan, il se moque des hommes qui savent tout, qui connaissent la longévité d'une mouche, la longueur du saut d'une puce, et la nature de l'âme des huitres (1), il connait les insectes, les peint avec talent et les admire. La nature, dit-il, commence par jeter dans un rayon de miel un être sans pattes, et sans ailes, puis elle lui donne des ailes, des pattes, teint et nuance son corps de mille couleurs variées et charmantes, et produit enfin une abeille, habile faiseuse de miel divin (2). Il ne parle pas moins bien des fourmis (3). Mais lisez la mouche, je ne connais point de

(1) Luciani opera. — Ed. Didot. 152. 780.

(2) Ib. 37.

(3) Ib. 513

peinture plus fine, plus coquette, plus spirituelle et plus vraie que celle qu'il en a faite (1).

Voici le dernier des naturalistes grecs. C'est Elien. Mais c'est plutôt un conteur, mordant et frondeur quelquefois, qui sème au hasard dans son livre de la nature des animaux et dans ses histoires variées les faits absurdes et les notions vraies qu'il a recueillis et compilés sur les animaux dans des centaines d'écrivains presque tous perdus. Par cela même, son œuvre a un intérêt historique qui n'est pas à dédaigner, car elle fait connaître l'état de l'histoire naturelle au IIIe siècle.

Elien parle d'une vingtaine d'insectes qui sont assez bien déterminés. Nous n'apprenons sur les frelons, les abeilles et les fourmis rien que nous ne sachions par Aristote et par Pline. Je me trompe, nous voyons que les fourmis, qui ne savent pas compter les jours sur leurs doigts, restent chez elles le premier de chaque mois et ne sortent point de leur demeure (2). Que l'odeur des roses fait périr les scarabées (3), opinion qui vient sans doute de ce qu'ils disparaissent à l'époque de la floraison des roses, peut-être aussi à cause de leur nourriture infecte.

Il connaît les mouches artificielles avec lesquelles les pêcheurs savent tromper le poisson, ce qui n'est pas sans faire supposer d'exactes observations (4).

Il raconte, comme Plutarque, d'après Cléanthès, com-

(1) Luciani opera. — Ed. Didot. 602.

(2) Ælianus. — De natura animalium. lib. I. 22.

(3) Ib. lib. IV. 18. — Eustathe le dit aussi dans son Hexameron.

(4) Ibid. XV. 1.

ment les fourmis rapportent leurs morts d'une fourmilière voisine après en avoir payé la rançon (1). Il connaît l'histoire symbolique du scarabée (2). Il sait que si les habitants de Rhegium et de Locres se fréquentent amicalement, il n'en est point de même de leurs cigales, qui se taisent dès qu'elles ont passé sur le territoire voisin (3). Il raconte aussi comment les mouches s'éloignent pendant les fêtes d'Olympie, pour ne point troubler les sacrifices, malgré l'abondant festin qu'elles y trouveraient (4). Etait-ce respect de leur part, était-ce un effet de la puissance de Jupiter Apomye ou Chasse-mouche, que l'on invoquait en ces circonstances ?

Les vastes conquêtes des Romains, leurs expéditions dans les diverses contrées du monde, leur auraient fourni tous les moyens d'étudier la nature, si leur politique n'eût repoussé les sciences et les arts comme capables d'amollir les hommes et de détruire l'esprit militaire qui les avait faits si grands. Mais la culture de la terre fut toujours regardée par eux comme la plus honorable des professions. Aussi y acquirent-ils des connaissances qui en firent une science nouvelle ; l'économie rurale, et leurs ouvrages, sous ce rapport, sont d'un véritable intérêt pour l'histoire naturelle.

Caton est un cultivateur plein d'expérience de la vie des champs et du monde ; aussi son traité est-il rempli de

(1) Ib. lib. VI. 50.
(2) Ib. X. 15.
(3) Ib. V. 9.
(4) Ib. V. 17. — XI. 8.

maximes, et l'on ne sait si l'on y doit profiter des leçons de l'agriculteur ou du moraliste.

Varron, fermier, après s'être distingué comme capitaine et comme soldat, dans le barreau, dans les charges publiques et dans les lettres, avait embrassé dans ses écrits presque toutes les connaissances de son temps ; je signalerai son traité des abeilles (1). Je le cite d'autant plus volontiers que c'est surtout d'après Varron que Virgile a décrit leurs mœurs et leurs travaux, et qu'il n'est pas jusqu'au plan des Géorgiques qui ne rappelle celui des dialogues de Varron. Mais Virgile les a ornés de toutes les beautés de la poésie, il en a fait le chef-d'œuvre de la didactique, et y a montré à quel degré de perfection et d'harmonie pouvait s'élever la langue latine. Virgile, comme son maître, fait naître spontanément les abeilles des entrailles d'un taureau (2) ; il n'a point ici abusé du privilège des poëtes, vous le savez, il n'a fait que reproduire les idées de son temps, celle de Démocrite le grec et du carthaginois Magon. Mais ce procédé a inspiré à Virgile de trop beaux vers, et vous avez trop présent à la mémoire le délicieux épisode d'Aristée, pour ne point l'absoudre (3). Ce phénomène ne se reproduit plus, les économistes y ont mis bon ordre. Ils savent avec Columelle que le bénéfice d'un essaim serait loin de compenser la perte d'un bœuf (4); et ils ne disent plus avec Elien : le

(1) Varro. — De Re rustica. lib. III. 16.

(2) Virgile. — Georgiques. IV. 285. — Varron. Ibid.

(3) Ibid. 318.

(4) Columella. — De Re rustica. lib. IX. 14.

bœuf mort est une bonne chose, dont il faut tenir compte, car de ses restes naissent des abeilles (1).

J'ai nommé Columelle qui a laissé, sous le même titre que Varron et Caton, un livre où il paraît avoir résumé les travaux agronomiques d'auteurs Grecs et Carthaginois aujourd'hui perdus. C'est, au point de vue littéraire, un monument de bon goût, fruit de l'étude et d'une pratique éclairée. Tout ce qu'il dit est excellent. Que de choses vraies ! Comme il relève et fait aimer son art ! Aussi son livre nous paraît-il devoir être agréable autant qu'utile à l'agriculteur qui le lira, s'il a soin d'écarter les erreurs, les préjugés et les notions de physique fausses que l'ignorance du temps avait accrédités. L'histoire des abeilles y est aussi complète que possible. Sur ce sujet, dit-il, on ne saurait être plus gracieux que Virgile, plus élégant que Celse, plus exact qu'Hyginus (2). Columelle les a tous mis à contribution. Il ne croit pas qu'il appartienne à l'agriculteur de rechercher quand et où sont nées les abeilles, les recherches de ces secrets et d'autres semblables intéressant plus particulièrement les naturalistes: il regarde comme des licences poétiques les traditions fabuleuses, bien plutôt qu'il ne les croit (3). Il connaît les ravages des charançons, des fourmis, l'importunité des cousins et des tiques, et donne les moyens de s'en débarrasser (4). Sont-ils efficaces? J'en doute, mais du moins

(1) Ælianus. — De nat. animal. II. 57.

(2) Columella. — De Re rustica. lib. IX. 2.

(3) Ibid.

(4) Ibid. I. 6. — II. 20. — VI. 30. — VII. 13. — De arboribus. 15.

ils sont curieux : vous en jugerez. Pour préserver les figuiers de la teigne, enfouissez au pied une branche de lentisque la cime tournée en bas (1). Frottez de sang d'ours ou bien essuyez avec une peau de castor le tranchant de votre serpette, vous serez délivrés des volvex qui dévorent dans vos vignes les pampres et les grappes (2). Les jardins sont-ils envahis par les chenilles coupant et brûlant de leurs morsures les jeunes semis, conduisez trois fois autour des planches ou de la haie qui les entoure, une femme les pieds nus, le sein découvert, les cheveux épars, dans le temps que soumise aux lois ordinaires de la nature elle perd avec pudeur un sang impur, alors les chenilles se tortillant, rouleront à terre sans mouvement et sans vie (3). Columelle n'avait point inventé ce procédé, il le tenait de Démocrite.

Palladius doit beaucoup à Columelle ; cependant, on y trouve une plus longue liste d'insectes nuisibles à l'agriculture, mais il n'est point toujours facile de les distinguer. Les recettes pour s'en débarrasser abondent chez lui. Nous en entendons chaque jour proclamer comme des découvertes nouvelles, qu'il avait données il y a quinze siècles, et dont il n'était pas l'inventeur. Pour détruire les punaises d'un lit, il le frotte avec des feuilles de lierre broyées dans l'huile ou avec la cendre de sangsues brûlées (4). Pour les fourmis, c'est plus simple. Si la four-

(1) Columella. — De Arboribus. 20.

(2) Ibid. 15.

(3) Columella.— De Re rustica. lib. XI. sub fine.

(4) Palladius. — De Re rustica. I. 35.

milière est dans un jardin, mettez auprès un cœur de chouette. Si les fourmis viennent du dehors, tracez autour du jardin une ligne avec de la cendre ou de la craie (1). Si vous voulez que vos abeilles ne prennent jamais la fuite, frottez l'ouverture des ruches avec la fiente d'un veau premier né (2).

Solin, historien et archéologue, peut aussi passer pour naturaliste. A-t-il emprunté à Pline? Ont-ils puisé aux mêmes sources? Nous n'avons point à traiter cette question. Toujours est-il qu'on n'y trouve point ce germe fécond des sciences qu'il annonce à son ami Adventus (3), et que, si son ouvrage repose sur des écrivains estimés et sur ses observations propres, il n'en a pas moins adopté une foule de fables qu'il eût pu raisonnablement repousser. Nous y lisons aussi l'histoire des cigales de Rhegium, mais il nous dit pourquoi elles sont muettes. Granius lui en donne la raison. Elles troublaient le sommeil d'Hercule, et il condamna au mutisme celles qui viendraient sur son territoire (4).

Mais si les Romains doivent figurer parmi les nations qui ont travaillé pour l'histoire naturelle, c'est surtout à Pline qu'elles le doivent. Son histoire du monde n'est pas moins remarquable chez les Romains que celle d'Aristote chez les Grecs, dit Cuvier (5). C'est la plus vaste

(1) Ibid. I. 35.

(2) Ibid. I. 39.

(3) Solinus. — Polyhistor. Prefatio.

(4) Solinus. — Polyhistor. II.

(5) G. Cuvier. — Histoire des sciences naturelles. I. 260.

composition qui ait jamais été conçue et exécutée chez eux, cependant le titre n'indique pas la prodigieuse variété des sujets que traite l'auteur. « Non seulement il savait, dit Buffon, tout ce qu'on pouvait savoir de son temps, mais il avait cette facilité de penser en grand qui multiplie la science.... Son ouvrage, tout aussi varié que la nature, la peint toujours en beau ; c'est, si l'on veut, une compilation de tout ce qui avait été écrit avant lui, une copie de tout ce qui avait été fait d'excellent et d'utile à savoir ; mais cette copie a si grands traits, cette compilation contient des choses rassemblées d'une manière si neuve, qu'elle est préférable à la plupart des ouvrages originaux qui traitent des mêmes matières (1). » Geoffroy S. Hilaire est loin de partager cette opinion. Pour lui, Pline n'est qu'un compilateur qui amuse et qui charme, mais qui n'a pas la prétention d'instruire, et il s'indigne de tous ces parallèles si chers aux rhéteurs entre Aristote et Pline, Pline et Buffon (2). Tout ce qu'on peut lui accorder, dit M. de Blainville, c'est de reconnaitre qu'il a, le premier, donné aux sciences naturelles la direction d'utilité, d'application immédiate, direction qui devait conduire à leur encouragement et, par conséquent, à leur progrès (3). M. Villemain en fait un homme de lettres bien plutôt que de sciences (4), et Cuvier lui reproche de n'avoir point toujours compris Aristote qu'il a souvent

(1) Buffon. — Œuvres. (Ed. 1824.) I. 50.

(2) Isid. Geoffroy S. Hilaire. Hist. nat. gén. I. 26.

(3) De Blainville. — Hist. des sc. de l'org. I. 34.

(4) Villemain. — Cours de littérature française. II. 384.

copié et d'avoir accueilli avec trop peu de critique toutes les fables qui avaient cours de son temps (1). Toutes ces critiques nous paraissent fondées, mais il y a, il faut l'avouer, dans tous les tableaux qu'il trace, je ne sais quoi de grandiose qui saisit l'admiration, en présence même d'une idée fausse et de l'erreur la plus grossière. Que de choses d'ailleurs ne sommes-nous point disposés à pardonner à cette immense compilation tirée de plus de deux mille ouvrages, pour les pages qu'il a consacrées aux insectes et pour son éloquente défense de l'entomologie contre ceux qui méprisent ces petits animaux. Car nulle part, dit-il, l'industrie de la nature ne s'est montrée plus admirable (2). Mais il n'y faut point chercher de systèmes, de méthodes, ni de caractères qui fassent distinguer les espèces dont il occupe son lecteur.

Tout ce que dit Pline de la conformation des insectes est pris dans Aristote, cependant il semble admettre chez eux la présence du sang ou du moins quelque chose d'équivalent (3). Entend-il par là ce fluide nourricier qui transsude de leur canal intestinal et baigne toutes leurs parties? Il pose plus nettement cette faculté que possède chaque partie d'un insecte coupée en morceaux de vivre et de palpiter séparément, la force vitale, quelle qu'elle soit, n'étant point, à son avis, fixée dans tel ou tel membre, mais fixée dans tout le corps, moins toutefois

(1) G. Cuvier. — Hist. des sc. nat. I. 264.

(2) C. Plinius. — Historiæ mundi. lib. XI. 1.

(3) Ib. XI. 2.

dans la tête que partout ailleurs (1). — Il admet que peu d'insectes soient doués du sens de l'ouïe. — L'ordre des travaux des abeilles et leur gouvernement occupent une grande place dans son livre; il appelle roi ce que nous appelons reine et pense que, si l'espèce en était détruite, il la retrouverait dans les entrailles d'un bœuf ; il réduit à trois le nombre des enduits dont les abeillles recouvrent l'intérieur de leurs ruches, quand Aristote comptait quatre de ces substances, qui ne sont que diverses variétés de la propolis ; il regarde les bourdons comme des abeilles imparfaites, produit tardif, dernier effort de la vieillesse épuisée (2), ce qui est une erreur que ne commet point Aristote ; ce sont les mâles de l'espèce, et non des abeilles imparfaites ; il signale la forme des cellules dont ne parle point Aristote et qui sont hexagones, dit-il, parce qu'elles y travaillent avec tous leurs pieds à la fois ; autre erreur, car c'est principalement avec leurs machoires qu'elles les construisent. Mais c'est assez sur ce sujet. — Nous n'admettrons pas davantage que les guêpes et les frelons soient des dégénérescences de l'abeille. Pline en parle bien cependant, de même qu'il nous donne les premières notions exactes sur la soie, sur le vers du mûrier qui la fournit, et sur des produits similaires dus à d'autres insectes (3). — Signalons cette observation générale à l'article des coléoptères, c'est que

(1) C. Plinius. XI. 3.

(2) Ib. XI. 11.

(3) Ib. XI. 26, 27.

les insectes dont les ailes sont protégées par un étui, n'ont pas d'aiguillon (1).

Je termine cette analyse déjà trop longue en disant que l'histoire des fourmis est un peu vague, qu'il confond avec Aristote leurs œufs et leurs larves, et que le premier il leur attribue la prudence qu'elles n'ont point, de ronger les grains avant de les serrer, de peur qu'ils ne germent (2), ce que répète aussi S. Basile, d'après lui probablement (3). J'ajouterai qu'il parle de sauterelles qui ont près d'un mètre de long et dont les jambes armées de dents servent de scies, quand elles sont séchées, et aussi de sauterelles appelées ophiomaques, qui attaquent les serpents et les font périr (4). Cette assertion est appuyée par Maiole, évêque de Vultur, qui rapporte dans ses Jours caniculaires ou excellents discours sur les choses naturelles et surnaturelles publiés au XVIe siècle, que son jardinier a vu une sauterelle attaquer un serpent, le saisir à la gorge et l'étrangler (5).

Je ne dirai rien des remèdes que Pline tire des insectes; ils ne sont pas moins extravagants que ceux que j'ai rapportés déjà, mais on lui pardonnera de les indiquer, à lui qui n'a pas grande confiance en la médecine, car il déclare qu'elle est la seule des sciences grecques qui soit restée étrangère aux Romains; alors, peut-être, il avait

(1) Ib. XI. 34.

(2) Ib. XI. 36.

(3) S. Basilius. — Hexameron. Homil. IX. 3.

(4) Plinius. XI. 29. — Aristoteles. — De nat. Animal. lib. 1. X. 9.

(5) S. Maiolus. — Dies caniculares. Dial. VIII.

raison, car elle est la seule où l'on croit, dit-il, sur parole quiconque se donne pour adepte (1).

Nous sommes arrivés à la fin de l'histoire des insectes chez les anciens ; car, après les écrivains que nous venons de citer et qui, vous l'avez vu, n'ont rien ajouté aux connaissances transmises par Aristote, il se fait un temps d'arrêt, ou plutôt d'épaisses ténèbres. C'est qu'aussi pendant que nous nous occupions de ces petits êtres, nous avions oublié le monde dont la face avait changé. La Grèce, en effet, n'est plus qu'une province romaine, Rome elle-même n'est plus la ville qui imposait ses lois à tous et qui n'avait d'autres frontières que celles du monde connu. L'empire romain, où l'on avait en vain voulu réunir deux éléments tout divers, l'Orient et l'Occident, s'est divisé, et ses deux parties affaiblies sont menacées par des peuples nouveaux. Bientôt les Barbares, ce fléau de Dieu, ont renversé les barrières impuissantes qu'on leur oppose. Mais en même temps le Christianisme s'établit triomphant sur les ruines de l'ancien monde, et, à ces temps de désordre et de confusion, va faire succéder une ère nouvelle de calme et de civilisation.

On comprend qu'au milieu d'une pareille tourmente, l'arbre des sciences ne pouvait jeter aucun rameau, mais il faut ajouter que s'il ne fut point emporté tout-à-fait, c'est qu'il avait enfoncé de profondes racines.

Pour trouver quelques mots sur notre sujet, il nous faut les chercher dans les œuvres d'écrivains qui n'ont pu en parler qu'accessoirement, occupés qu'ils étaient de

(1) C. Plinius. XXIX. 8.

défendre les vérités du christianisme naissant ou de commenter les livres saints, je veux parler des Pères de l'Eglise.

Philon voit toutes les bêtes sortir à la voix de Dieu, dans ces mots tous les animaux qui ont la vie et le mouvement. « La terre à cette parole lascha incontinent les bestes qu'on lui avait commandé de laisser sortir, et qui estoient différentes tant en l'équipage du corps, qu'en force et puissance profitable et dommageable, » pour laisser parler son traducteur (1).

Le premier peut-être, Eustathe établit nettement le mode de respiration des insectes, quand il dit que les abeilles et les guêpes frottées d'huile meurent parce que les méats de leur corps sont bouchés. Et cependant on se demande s'il a bien conscience de cette vérité, quand il dit, un peu plus loin, que les insectes sont privés de la faculté de respirer et qu'ils vivent d'air. Il admet aussi que le scarabée n'a point de femelles, mais qu'il dépose un germe dans la boule de fiente qu'il a formée; il croit que les cigales naissent de la pluie, et qu'elles se taisent quand elles sont gorgées de rosée (2).

S. Ambroise fait une belle peinture des travaux et de l'organisation des abeilles, mais il pense qu'elles ramassent sur les herbes et sur les feuilles la génération qui doit les remplacer. Il décrit bien le ver à soie (3). Remarquons que ce n'est point un naturaliste, qu'il expose les

(1) Philon. — Œuvres trad. par P. Bellier. 1775 in-f°. p. 11.

(2) Eustathius. — In Hexameron. 31.

(3) S. Ambrosius. — Hexameron. — Opera. VI. 4.

idées reçues, et que ce qu'il cherche surtout dans les animaux, ce sont des allégories, des considérations morales, des merveilles de la puissance divine.

S. Epiphane, qui, dans son Physiologiste, a réuni, sur les animaux, des notices ramassées çà et là, avec les erreurs qu'il a trouvées établies, parle fort sagement des fourmis, mais il voit surtout des leçons de sagesse dans l'industrie et la prévoyance de ces insectes (1).

S. Basile, Némésius, S. Augustin et les autres Pères, que nous pourrions citer, poursuivent le même but, la démonstration scientifique de la puissance du créateur, de sa sagesse et de sa providence fondée sur les sciences physiques, astronomiques et naturelles (2).

Les écrivains profanes ne nous donneront pas plus grande lumière. Les Géoponiques de Bassus ne nous apprennent rien. J'y trouve ce procédé pour se débarrasser des sauterelles. Fais d'elles une saumure dont tu arroseras un fossé que tu auras creusé; et, si tu reviens après quelques jours, tu les y trouveras endormies. Les insectes y sont employés comme pronostics du temps. On pourrait écrire en effet un long chapitre sur le sens exquis de certains insectes à l'approche des changements atmosphériques; mais tout ce qu'on y rapporte de ces prophètes méprisés est renouvelé d'Aratus et de Pline, sans parler de Suidas, qui nous apprend que les guêpes vues en songe annoncent des maux faits par l'ennemi (3). J'ai

(1) S. Epiphanius. — Physiologus. XVII. XVIII.

(2) De Blainville. II. 12.

(3) Suidas. — Historica. II. 850.

cité Photius, à l'occasion de Théophraste dont il nous a conservé des fragments.

Je citerai encore, pour en finir avec les grecs, quoiqu'il vienne bien tard, au XIIIe siècle, Manuel Phile, qui a dédié à Michel Paléologue une espèce de poëme ou plutôt un traité en vers des propriétés des animaux. Les insectes dont il traite avec le plus de détail sont l'abeille, la fourmi, la cigale et le ver à soie (1); mais il ne fait guère que répéter en vers ce qu'Elien avait dit en prose. M. Bussemaker a essayé de reconnaitre une vingtaine d'espèces qui y sont nommées, et de leur donner leurs noms modernes (2).

Nous sommes, maintenant, Messieurs, dans le moyen âge, entre un empire qui croule à l'Occident et un autre qui succombe à l'Orient ; entre une civilisation qui s'éteint et une autre qui s'élève. Si du Ve au IXe siècle les sciences restent sans culture, n'allez pas en accuser les Barbares, ils n'en sont pas la seule cause. Elle est surtout dans la révolution qui s'était faite dans les esprits, absorbés tout entiers par des études spéculatives et par des besoins nouveaux. Toutefois le dépôt des connaissances humaines n'est pas perdu. Les bibliothèques des églises respectées par les Barbares qui ont accepté la foi nouvelle, le conservent jusqu'au moment où la vieille Europe saura s'en ressouvenir.

Le premier naturaliste que nous puissions citer est Isidore, évêque de Séville. Le XIIe chapitre de son livre

(1) Phile. — De animalibus. 30.

(2) Bussemaker. — Scholia in Theocritum. 661.

composé au VIIe siècle sous le titre de *Etymologicon sive Originum libri*, traite des animaux. On s'étonne qu'un travail aussi peu judicieux que savant ait eu cours si longtemps dans les écoles et ait, pendant plusieurs siècles, été invoqué comme une autorité. Il n'a pas même le mérite d'une compilation. En s'en tenant à Pline qu'il cite quelquefois, Isidore eût pu éviter des contes ridicules et de plus ridicules étymologies. La classification des animaux est à peu près celle de la Genèse, animaux domestiques, bêtes sauvages, petits animaux, serpents, vers, poissons, oiseaux et petits volatiles. C'est parmi les petits animaux, les vers et les volatiles, que nous trouvons les insectes. Le grillon, la fourmi et le fourmilion suivent la bellette, la souris et la taupe ; parmi les vers sont la cantharide, le ver à soie, les chenilles, les teignes et quelques aptères ; et parmi les petits volatiles, l'abeille, le papillon, la sauterelle, le cousin, tous les insectes enfin qui ont deux ou quatre ailes. Isidore n'a pas oublié l'histoire des fourmis grandes comme des chiens, qui fouillent les sables d'or de l'Ethiopie, et mettent à mort ceux qui tentent de les leur ravir, fable qu'il avait trouvée dans Hérodote, Strabon, Néarque et Solin. Suivant lui le nom des abeilles, en latin *apes*, vient de *pes* qui veut dire pied, parce qu'elles s'attachent en groupe par les pieds ; ou bien, confondant le grec et latin et faisant de la première syllabe l'a privatif, il vient de ce qu'elles naissent sans pied. On peut choisir entre ces deux étymologies, mais la meilleure ne vaut rien. Voici maintenant comment il entend la génération des insectes. Je traduis : « les papillons sont de petits oiseaux qui abondent sur les mauves en fleurs. De leurs excréments naissent de petits vers.— Les cigales naissent du crachat des coucous. —Il donne pour origine aux abeilles le corps mort d'un bœuf, aux scarabées celui d'un cheval, celui d'un mulet aux frelons et aux guêpes celui d'un âne (1).

Raban Maur, l'un des plus savants hommes du IXe siècle, le fondateur de l'école de Fulde, l'une des plus célèbres d'Allemagne, n'a guère fait, dans son traité de l'univers, que copier Isidore dont il a suivi la classification et même les étymologies. Il reconnaît que sous le nom d'oiseaux on a rangé bien des espèces différentes par leurs mœurs et par leurs manières d'être (2). Il croit qu'il suffit de battre les chairs d'un veau mort pour en faire naître des vers qui deviennent des abeilles (3). C'est pour lui plus qu'une croyance généralement admise; c'est, dit-il, un fait acquis par l'expérience. Il établit une différence très-exacte entre la marche des serpents et celle des vers, qui n'ont point de colonne vertébrale (4). Pour lui, le ver est un animal qui naît de la chair, du bois ou de quoi que ce soit de terrestre et quelquefois d'un œuf, mais toujours sans accouplement. Il donne un remède contre l'ivrognerie, lequel, pour n'être point tiré des insectes, n'en est pas moins curieux et surtout des plus simples. Les anguilles, dit-il, naissent de la vase. Si on les fait mourir dans le vin, ce

(1) Isidorus Hispalensis. — Originum lib. XII. 3. 8.

(2) H. Rabani Mauri opera. I. — De universo. VIII. 5.

(3) Ibid. VIII. 6.

(4) Ibid. VIII. 3.

breuvage dégoûte à tout jamais du vin (1). Si ce remède était vrai, de combien de misères il pourrait guérir !

Nous ne dirons rien de Hugues de St.-Victor; ses fables sont les mêmes que celles de ses devanciers, ses étymologies ne sont guère meilleures, et son livre *De Bestiis* n'est qu'un traité de zoologie mystique (2).

Si les sciences ont abandonné l'Europe, c'est pour remonter, pour ainsi dire vers leur source, car on les voit renaître en Orient. Chose étrange et qui n'est pas une des moins curieuses dans l'histoire des connaissances humaines, les Arabes, un peuple guerrier, qui ne paraissait s'occuper que de conquêtes, s'empare presque tout d'un coup des ouvrages des grecs et impose aux nations qu'il a vaincues ses traductions et ses commentaires. Le principal rôle de l'école arabe est en effet la transmission des travaux des anciens.

Les chrétiens réfugiés en Syrie y avaient traduit Aristote, Théophraste, Galien, Dioscoride. Les Arabes s'enthousiasment pour ces travaux. Aux versions syriaques succèdent les versions qu'ils en ont faites, et ils comptent parmi eux des astronomes, des médecins et des naturalistes. Quand ils s'établissent en Espagne, ils y portent avec eux ce foyer intellectuel qui rayonne dans tout l'Occident. Les juifs, chassés de Babylone en Afrique, suivent la même route et aident à ce mouvement, car ils apportent, avec les traductions hébraïques qu'ils avaient faites des traductions syriaques et arabes, la connaissance

(1) Ibid. VIII. 4.

(2) Hugonis à S. Victore opera. II. 391.

des livres grecs, qui vont ranimer la vie intellectuelle, et préparer des progrès qui deviendront réels, aussitôt que nos savants seront en état de lire les textes et de les commenter eux-mêmes.

Mais n'oublions point notre sujet et constatons que la zoologie, quelle qu'ait été l'étonnante fécondité de l'école arabe, ne paraît point avoir fait chez eux les mêmes progrès que les mathématiques. Ils ne pouvaient être anatomistes ; en effet, il leur était défendu de toucher aux cadavres, et ils ne dessinaient point, puisque faire un portrait c'était en quelque sorte arracher l'âme, et qu'ils demandaient au peintre d'un poisson : que répondras-tu à ce poisson, quand, au jour du jugement, il te demandera son âme?

Je ne connais que par les jugements donnés par S. Bochart dans son Hierozoicon, ce que disent des insectes Kazwyny et El Damir, deux de leurs principaux naturalistes, dont le premier a été nommé le Pline des orientaux. Je trouve dans le second cette description de la sauterelle. Quoique faible, elle est très-forte, car elle tient de dix grands animaux : elle a la figure du cheval, l'œil de l'éléphant, le cou du taureau, la corne du cerf, la poitrine du lion, le ventre du scorpion, les ailes de l'aigle, les jambes du chameau, les pieds de l'autruche et la queue du serpent (1). Cette peinture qui se retrouve dans leurs poëtes et que le peuple n'a point oubliée, car Niebuhr rapporte une description à peu près semblable que lui a faite un arabe du désert et qu'il qualifie de sin-

(1) Bochart. — Hierozoicon. II. 475. 460.

gulière (1), cette peinture, dis-je, nous rappelle avec quelques variantes celle du prophete Joël. On ne s'étonne point qu'El Damir ajoute, après ce portrait, que la sauterelle qui doit pondre choisisse les lieux rocailleux, les pierres que le fer ne peut entamer, qu'elle les frappe de sa queue jusqu'à ce qu'elle les fasse se fendre et que dans la fente elle loge ses œufs. El Damir connait plusieurs espèces de sauterelles, mais il leur donne un roi, contrairement à Salomon qui le leur refusait et pour cette raison les plaçait parmi les plus sages. Kazwyny, qui est moins poëtique, décrit parfaitement leur mode de reproduction. L'arabe connaissait trop bien les ravages de ces insectes pour n'y pas voir un fléau de Dieu, aussi dit-il : Dieu a créé mille espèces d'animaux, six cents dans la mer et quatre cents sur la terre, mais le plus terrible est la sauterelle; dès qu'elle détruit, tous les maux suivent comme les perles d'un collier qui s'égrène. Une d'elles tombée dans la main de Mahomet portait écrit sur son aile : Nous sommes les aimées de Dieu. Nous portons 99 œufs et, si la centaine était complète, nous consommerions le monde tout entier avec tout ce qu'il renferme. Une autre, tombée sur la table du Prophète, portait écrit sur son dos : Je suis le Dieu des sauterelles ; je les nourris et je les envoie pour servir au peuple de nourriture ou de fléau (2). Kazwyny fait du cousin et de son intelligence un tableau charmant, de la puce une description très-pittoresque ; il décrit très-bien la cochenille; il ne dit rien de la fourmi que nous n'ayons

(1) Niebuhr. — Description de l'Arabie. 153.

(2) Bochart. — Hierozoicon. II. 468. 485. 563. 585.

vu déjà, mais il la connaît bien ; il vante la subtilité de son odorat et surtout sa force. A ce sujet il nous raconte cette anecdote. Un courtisan disait à un roi : Dieu te donne la force de la fourmi. Comme le souhait paraissait peu flatteur, il se hâte d'ajouter : la fourmi est le seul animal qui porte un fardeau plus lourd qu'elle même; et il y a une ville nommée Gerham que Dieu a perdue par les fourmis (1). On pense, en lisant ce conte, à S. Jérome qui s'écriait : quoi de plus fort que la fourmi ! et à S. Cyrille qui ne connaissait rien qui pût en arrêter les ravages. On se rappelle aussi que Pline fait le dénombrement des villes dépeuplées par les insectes.

En parlant de la mouche, El Damir observe qu'elles n'ont point de paupières, et que les paupières servant à nettoyer la poussière des yeux, Dieu leur a donné des mains pour remplir cet office. Pour lui la mouche naît de la fève qui se gâte et qui se change en mouche sans qu'il reste rien de l'écorce. — Ce qu'il rapporte du travail des guèpes montre qu'il les a observées avec la plus grande sagacité (2).

Si nous revenons à ce que l'on a appelé l'école franco-gothique (3), nous trouverons que le XIIe siècle n'a pas fait aux sciences physiques plus d'honneur que les précédents. On peut en juger par Pierre Lombard, le maître des sentences, l'une des lumières de son temps, qui croyait le

(1) Bochart. — Hierozoicon. II. 601.

(2) Ibid. 498.

(3) Pouchet. — Histoire des sciences naturelles au moyen-âge. 10.

firmament solide, et ne connaissait aux insectes d'autre origine que la corruption (1).

Le XIIIe siècle fut un véritable réveil. Car il était loin d'être, comme on semble généralement le croire, une époque d'ignorance. Jamais la culture des sciences ne fut plus active, jamais l'érudition ne fut plus honorée. Mais, si l'on sut beaucoup, le goût et le jugement n'étaient pas les guides que l'on suivait le plus. On discutait et, pour discuter plus aisément, on faisait des hypothèses, comme si, dit l'abbé Fleury, la nature n'était point là pour qu'on la consultât elle-même (2). On n'étudiait pas les productions naturelles, mais les livres des naturalistes anciens. Aussi l'étude de la nature se réduisait-elle à des abstractions. Le savoir s'y mesurait à la connaissance plus ou moins grande que l'on avait des œuvres d'Aristote, mais les versions de versions que l'on possédait, n'étaient point de nature à mettre tout-à-fait l'ordre dans ce cahos, à répandre la lumière dans ces ténèbres. Et cependant l'autorité d'Aristote était infaillible, le maitre l'a dit, était la réponse à toutes les objections, car on le nommait le maître, comme autrefois on nommait Rome la ville. Frédéric II eut alors sur l'histoire naturelle une influence immense; la fauconnerie, dont il développa lui-même toutes les particularités, fit faire à l'ornithologie de véritables progrès; en même temps il favorisait et prescrivait même l'étude de l'anatomie; mais il est étranger à l'entomologie (3).

(1) Petrus Lombardus. — Sententiarum lib. II. Dist. 15.

(2) Fleury. — Discours sur l'hist. ecclés. V.

(3) Pauchet. — Hist. des sc. nat. 68. — Cuvier. — Hist. des sc. nat. II. 6.

Malheureusement il n'en était point ainsi partout, et aux observations exactes on préferait souvent les traditions, qui semblaient le mieux satisfaire le penchant au merveilleux qui était une des tendances de l'époque. Aussi, au lieu d'étudier Aristote, on composait des bestiaires (1), des volucraires, des lapidaires, sorte d'histoire naturelle légendaire dont on tirait une foule d'instructions morales plus ou moins ingénieuses, qu'il faut bien se garder de dédaigner cependant, car elles seules fournissent l'explication des représentations symboliques que le moyen âge a figurées dans nos monuments religieux.

Un Amiénois, Richard de Fournival, chancelier de l'église d'Amiens en 1250, a écrit un de ces bestiaires, le seul que je citerai, publié récemment par M. Hippeau. Richard en fait une thèse d'amour pour démontrer à sa dame qu'elle doit partager la passion qu'il feint d'éprouver pour elle Dans tout son livre il ne met en scène que deux insectes l'eis ou abeille « que l'on mène à sifflet et à chant » et le grillon ou crinon, qui n'est pas pour lui l'hôte du foyer dont le chant plaintif rompt le monotone silence des soirées d'hiver, mais le vaniteux puni. Le grillon se plaît tant à chanter qu'il s'enivre de sa voix, il en perd le manger et meurt sans que sa dame se laisse séduire par son chant (2).

Mais il faut, pour se faire une idée exacte de ce siècle, y reconnaître nécessairement deux périodes bien distinctes dont la seconde, la plus brillante, est caractérisée

(1) Ibid. 76.

(2) Richard de Fournival. — Le bestiaire d'amour. 6. 21.

par Albert de Bollstadt que ses vastes connaissances ont fait surnommer Albert-le-Grand, dont Trithème a dit : ***Magnus in magia naturali, major in philosophia, maximus in theologia.*** C'est à lui qu'appartient la gloire d'avoir tracé le plus vaste tableau des connaissances humaines d'alors; car, pour la première fois, suivant l'heureuse expression de M. Pouchet, il parvient à en clore le cercle, en les envisageant au point de vue chrétien, en embrassant la nature, l'homme et Dieu (1). Albert-le-Grand, né en 1205, mort en 1280, a publié des traités sur toutes les sciences, et ses œuvres ont été réunies en vingt et un volumes in-folio dont un, le tome VIe, est consacré à l'histoire naturelle. Les animaux y sont distribués en six classes, d'abord l'homme, qu'il sépare des autres par un espace incommensurable, parce qu'il réunit deux essences, la matière et l'esprit, puis les quadrupèdes, les oiseaux, les poissons, les serpents et les petits animaux qui n'ont point de sang. C'est dans cette dernière division que sont rangés les insectes, avec le crapaud, la grenouille, la tortue, la sangsue et la limace ; et il s'en occupe sans autre classification, que l'ordre alphabétique. Il traite d'abord de la composition des animaux, donne les causes physiques des faits, et passe ensuite aux différentes espèces. Il ne fait pas seulement, comme on l'a dit, que transcrire, extraire et compiler les ouvrages d'Aristote, il en paraphrase, il en explique le texte et ajoute aux observations du maître le résultat de ses études personnelles. Aussi, dit M. Jourdain, dans ses

(1) Pouchet. — Histoire des sc. nat. 211.

Recherches sur Aristote, cet ouvrage d'un homme voué à l'étude de la nature est-il un monument précieux qui, en présentant l'état des opinions et des connaissances du moyen âge, lie l'histoire ancienne de la science à celle des temps modernes (1). L'homme est le point de départ de tout ce qui a trait au règne animal, c'est son terme de comparaison ; à lui revient donc la gloire d'avoir ouvert la voie que suivent les écoles de notre siècle. Si, dans l'étude des individus, il suit l'ordre alphabétique, c'est que l'état de la science ne lui permettait point encore une classification naturelle ; et il n'en paraît pas moins avoir indiqué la marche philosophique qui y conduisait (2). Un autre mérite c'est de n'employer aucun mot nouveau qu'il n'ait exactement défini. Un fait immense qu'il établit, c'est la stabilité des espèces, et la définition qu'il en donne. En ce qui concerne les petits animaux qu'il avait privés de sang, mais pourvus d'une autre humeur qui en tient lieu, il y a aussi une découverte notable à signaler. Albert isole parfaitement les insectes et distingue les annélides que la science moderne ne doit reconnaître que beaucoup plus tard. On se perd, malgré le discernement dont il fait preuve, dans les raisons des choses qu'il veut donner, mais on y voit des faits nouveaux dus à l'observation et à l'expérience. Ainsi les insectes ont plusieurs générations avant d'arriver à l'état parfait. Les vers viennent d'œufs et des vers viennent les

(1) Jourdain. — Recherches sur l'âge et l'origine des traductions d'Aristote. 358.

(2) De Blainville. II. 90.

animaux parfaits; quelques vers cependant retournent à la forme d'œufs, comme les chenilles. Le roi des abeilles est le créateur des abeilles, lequel engendre semblable à lui quand il engendre un roi, et quelque chose en partie semblable, quand il engendre les abeilles ou des neutres. Quant aux détails dans lesquels il entre sur les diverses espèces, je n'y vois rien qui doive être signalé, sinon peut-être la description du fourmilion dont Esope, Phèdre et notre La Fontaine eussent assurément fait le sujet d'une fable intéressante, s'ils l'eussent connu.

Un autre dominicain, Vincent de Beauvais, qui appartient à notre Picardie, marche sur les traces d'Albert-le-Grand. Sa vaste érudition l'a fait surnommer le Pline du moyen âge. Son œuvre gigantesque est une sorte d'encyclopédie dans laquelle il embrasse à la fois les sciences, les arts, l'histoire et la littérature. Ne jugeons point d'après nous, constatons seulement que ce livre est à la fois l'inspiration et le fruit des études les plus sérieuses. Une des parties, le *Speculum naturale,* est un traité d'histoire naturelle. Si, pour les oiseaux et les poissons, on y rencontre des détails intéressants, des observations nouvelles, pour les insectes il n'a rien dit qu'on ne lise dans Aristote et dans Pline qu'il connaissait parfaitement, ou dans Isidore de Séville dont il fait grand cas, ou dans Albert-le-Grand dont il fut peut-être un des nombreux élèves. Mais il se plait au merveilleux qu'il rencontre dans ses lectures, et allie à son grand savoir toutes les superstitions de son temps (1). Vous jugerez du reste de l'état

(1) Vincentius Bellovacensis. — Speculum naturale. lib. XX.

des sciences naturelles à cette époque, si je vous dis qu'un historien très-sérieux, Rigord, rapporte que depuis la prise de la Sainte-Croix par les Sarrazins en 1187, il ne pousse plus que vingt ou vingt-deux dents aux enfants au lieu de trente-deux (1).

Les autres encyclopédistes qui viennent après lui sont loin d'avoir embrassé un cadre aussi vaste, moindre est aussi l'importance de leurs travaux. Brunetto Latini, théologien, poëte, orateur, historien et philosophe italien, retiré en France après la bataille de Monte-Aperti en 1260, y publia son trésor où l'histoire naturelle occupe aussi une certaine place. Parmi les traits de l'histoire des animaux qu'il a cités, dit Fauriel (2), il s'en rencontre quelques-uns de ceux qui, après avoir passé durant des siècles pour des fables, ont été confirmés par des observations modernes. Il a emprunté à Aristote et à Pline, mais plus généralement aux anciens bestiaires. On y remarque ce passage sur le mouvement du sang qui nous paraît des plus importants. *Li sangs de l'ome s'espant par ses vaines, si que il encherche* (il parcourt) *tout le cors amont et aval* (3). Il n'a pas seulement écrit d'après les anciens, il a aussi invoqué le témoignage des gens compétents à ses yeux, marins et voyageurs, sans toutefois leur accorder toujours une entière confiance. Il passe rapidement sur les insectes et il a raison, car il ne fait

(1) Rigordius. — De gestis Philippi Augusti. — Hist. Franç. script. V. 24.

(2) Histoire littéraire de la France. XX. 276.

(3) Brunetto Latini. — Li livres dou tresor. p. 115.

que rappeler ce qui a été dit déjà. Je ferai comme lui, et dirai avec lui, *car ce seroit une longue manière sans grand profit*.

Un autre ouvrage qui eut, au XIVe et XVe siècle, un immense succès, malgré son infériorité, est le Propriétaire des choses de Barthélemy de Glanville que la traduction du latin en français par Corbechon a surtout vulgarisé. La bibliothèque d'Amiens en possède un exemplaire manuscrit de 1447 qui est un véritable chef-d'œuvre de calligraphie et de dessin. Barthélemy n'est point un savant, et j'appellerais presque sa zoologie un traité élémentaire dont S. Isidore, Pline, Aristote, font tous les frais, mais qu'il abrège quelquefois fort maladroitement. La liste des insectes est fort courte. Voici quelques échantillons de sa manière. « Aulcunes bestes nous sont données pour cognoyssance de nostre fragilité, si comme les puces et les aultres vermines qui yssent de nostre pourriture. — Toute beste qui a polmon si respire Mays aulcunes bestes respirent par voyes manifestes, si comme par la bouche et le nez, et aulcunes le font par voyes plus occultes et secrètes, si comme les mouches. — Celles qui n'ont point de sang si n'ont point de cueur, mais elles ont aultre chose au lieu du cueur où est le siége de leur vie (1). — La beste qui reluist de nuit est une petite bestelette que on appelle *noctiluca* qui a moult de pieds et si a esles, et pour ce on le conte aulcune foys entre les bestes et aulcune foys entre les oyseaulx et reluyst en tenebres comme une chandelle et, par espécial par derriere, et quant elle est

(1) Le propriétaire des choses. lib. XVIII. 1.

en la lumiere, elle est layde et obscure et honnist les mains de ceulx qui la touchent..., quoiqu'elle fasse la clarté, elle hait la lumiere et ne va que de nuit (1). » Ajoutons que les histoires fabuleuses et les moralités ne manquent point dans le propriétaire des choses.

Cette prétention d'ajouter des contes à ceux de Pline qui en avait déjà trop, n'était pas plus favorable au progrès que cet autre usage de faire des animaux autant de prétextes à des similitudes morales.

Les écrits du XIVe siècle sont à notre point de vue plus stériles, les sciences y sont toutes théologiques, mais on sent un mouvement qui va se faire, en même temps que la langue vulgaire s'affermit et devient plus générale. Aussi chercherait-on en vain un fait nouveau dans le *Reductorium morale* de Pierre Bercheure, sorte d'encyclopédie encore, qui suppose plus d'imagination que de science.

Au XVe siècle, la zoologie est toute philologique; on ne crée point, on a des maîtres : Aristote, Albert-le-Grand, Vincent de Beauvais; on les suit, et on adopte leurs opinions. Je ne vois à citer que Jean de Cuba, qui, dans son Jardin de santé, publié en 1486, donne un traité d'histoire naturelle médicale où les insectes ne sont point oubliés ; c'est une compilation d'Hippocrate, de Galien, d'Avicenne, ornée de gravures comme on savait les faire, mais fort judicieuse pour le temps.

Un grand événement en effet vient de s'accomplir, l'imprimerie est inventée; désormais, les œuvres de l'intelli-

(2) Ibid. XVIII. 75.

gence appartiennent à tous. Ce qui n'empêche pas qu'au XVIe siècle les préjugés les plus ridicules n'aient cours encore.

J'en trouve la preuve dans les commentaires sur la bible d'Eugubinus, évêque de Kisam, qui raconte naïvement avoir entendu dire qu'un bout de corde laissé sur le rivage et pourri se change au bout d'un certain temps en anguilles, que des cheveux de femmes se transforment de la même manière en autant de serpents, et qu'il a vu lui-même des crins de cheval exposés au soleil dans une eau fangeuse devenir aussi des serpents. Voici encore un autre fait que j'emprunte au même auteur. Quoique la terre soit comme la compagne de l'eau, c'est l'eau qui est l'élément principal, qui nourrit et compose les membres Des débris de vaisseaux poussés vers le rivage et battus par les flots naît une écume blanche ; le temps et le soleil l'échauffent, il se forme des pattes, des ailes et un oiseau se dégage du bois et s'élance dans les airs (1). Cela, ajoute Eugubinus, arrive souvent.

Mais si quelques-uns vivent de fables, si d'autres pensent avoir fait un progrès quand ils ont copié les anciens ou imposé un ordre différent à ce que l'on avait fait avant eux, de véritables naturalistes se font connaître. Gesner ne se borne plus à compiler Aristote, il enrichit la science de découvertes et d'observations faites avec autant d'habileté que d'intelligence, et le nom de *Pline moderne* qui lui fut donné, n'est qu'une faible expresssion du titre de restaurateur de l'histoire naturelle que lui mé-

(1) Aug. Eugubini opera. — Cosmopeia. l. 10. r°

ritent ses importants travaux, car sa grande histoire des animaux est une bibliothèque complète, bien plus qu'un traité de zoologie (1). Ses descriptions, dit Cuvier, sont tirées non-seulement de ce qu'il a vu lui-même, mais de tous les auteurs anciens et modernes, imprimés ou manuscrits. Ce livre est un véritable magasin d'érudition (2). Il est à regretter que, suivant l'usage de son temps, il n'indique pas toujours avec précision les endroits d'où il a tiré ses citations, il eût ainsi abrégé les recherches de ceux qui le consultent encore avec fruit. Avec lui s'établit l'école expérimentale, la seule qui puisse assurer à la science de solides et durables progrès. Mais cet exemple n'est pas immédiatement accepté, il faut attendre plus tard que paraissent Aldrovande, Frisch, Moufflet, Ray, Redi, Wolton, Malpighi, Swammerdam et Leuvenhoeck, qui sont les véritables fondateurs de l'entomologie.

Arrivé là, Messieurs, ma tache est achevée. Ceux qui voudront connaître les progrès modernes de l'entomologie dont l'étude sérieuse ne commence réellement qu'avec le XVIIe siècle, pourront lire l'aperçu historique qu'en a donné, l'année dernière, M. Emile Blanchard dans une de ses leçons au Muséum d'histoire naturelle (3). Je ne ferai au savant membre de l'Institut qu'un seul reproche, c'est d'avoir oublié de signaler la part glorieuse qu'il a prise à ce mouvement par ses brillantes découvertes.

(1) Is. Geoffroy S. Hilaire. — Essais de zool. gén. 20.

(2) Cuvier. — Hist. des sc. nat. II. 87.

(3) Revue des cours scientifiques. III. 727.

Dans le courant de notre étude, nous avons vu les insectes servir à l'homme de nourriture, lui en préparer, lui fournir de quoi le vêtir ou le parer, ou de quoi soulager ses maux ; ils ont été des sujets de morales, des preuves de l'existence de Dieu ou de simples objets d'étude. Nous n'avons pas vu qu'ils aient eu aucun rapport avec la justice. Nous ne parlons pas des débats dont ils ont pu être la cause, des démêlés qui ont pu s'engager entre les propriétaires de ruches, par exemple, ou entre voisins à l'occasion des dégâts produits par les chenilles qu'on avait négligé de détruire, ce sont là en effet affaire d'homme à homme. Mais les insectes eux-mêmes ont-ils été mis en cause comme l'ont été certains animaux, les pourceaux entr'autres, pour les dommages qu'ils avaient causés? Nous n'en trouvons point d'exemples, mais nous les voyons plus d'une fois frappés d'excommunication.

Guillaume, abbé de St-Thierry, rapporte que S. Bernard étant venu consacrer l'église de l'abbaye de Foigny, au diocèse de Laon, y trouva une si grande quantité de mouches qu'il n'y put entrer, et ne vit d'autre moyen de s'en débarrasser que l'excommunication (1). L'effet fut prompt, le lendemain toutes étaient mortes sur la place. Barthélemy de Chasseneux, jurisconsulte bourguignon fort savant, raconte dans ses *Consilia* que de son temps, en Bourgogne, les paysans incommodés par les rats, les mulots, les limaces, les mouches, les insectes qu'il appelle *hurebers*, et autres animaux inconnus et innommés, qui dévoraient leurs moissons et leurs vignes, avaient accou-

(1) Surius. — Vita S. Bernardi. Aug. 207.

tumé de se pourvoir par requêtes auprès de l'official d'Autun pour le supplier de faire commandement aux dites bestioles d'avoir à cesser leurs ravages, et il cite diverses sentences d'excommunication et de malédiction prononcées contre elles à Autun, à Lyon, à Avallon, à Macon en 1487 et 1488 (1). Eveillon, dans son traité des excommunications et des monitoires, ne voit dans le fait de S. Bernard qu'une malédiction contre les mouches, et dans les observances dont parle Chasseneux que des pratiques superstitieuses contre lesquels il s'élève, n'admettant d'adjuration et d'exorcismes contre les animaux qu'en la façon qu'enseigne S. Thomas, et non dans les erreurs absurdes dont les peuples, dit-il, se laissent souvent embabouiner (2).

Si les insectes ont été les instruments de la vengeance divine, les hommes s'en sont aussi servis pour exécuter leur justice. Les juifs employaient les fourmis et les abeilles, pour le supplice des adultères. Ils les mettaient nus dans une fourmilière ou les exposaient aux piqûres d'un essaim qu'ils avaient excité (3). Henri-le-Jeune, en 1126, ne se fut pas plus tôt emparé de Conrad-le-Grand, qu'il le fit enfermer dans une cage de fer au château de Kirchberg et le livra à la merci des mouches. Sigefroy, qui fut évêque de Cologne en 1275, fit frotter de miel le corps d'Adolphe, comte de Berg, qu'il avait fait prisonnier, et l'abandonna pour servir de pâture aux insectes (4).

(1) Bartholomei à Chasseneo consilia. 1.

(2) Eveillon. — Traité des excommunications. 520.

(3) Buxdorfius. — Synagogue judaica. 495.

(4) Lesser. — Théologie des insectes traduit par Lyonnet. II. 295.

Si maintenant nous reportons nos regards en arrière. Si nous recherchons qu'elles sont les causes qui ont retardé la marche des sciences naturelles et, pour ne point sortir de notre sujet, l'étude des insectes, nous reconnaîtrons le défaut de méthode, de classification, de descriptions exactes, et surtout le défaut d'observation. Aussi la gloire d'Aristote grandit-elle au fur et à mesure que l'on examine avec plus de soin ce qu'il a fait, la voie qu'il a suivie, et quand on songe aux résultats qu'il a obtenus en dehors des moyens dont nous disposons, et sans le secours des instruments qui nous permettent de multiplier la grandeur des objets et d'en étudier les moindres détails. Car voici que l'expérience et les sens mêmes, rectifiés par ces puissants auxiliaires, avouent, comme le dit M. Michelet, que non seulement ils nous ont caché la plupart des choses, mais que, sur ce qu'ils ont montré, à chaque instant ils s'étaient trompés (1). Aussi devons nous mettre la plus grande réserve dans les jugements que nous portons sur les anciens. S'ils n'ont pas vu ce que nous avons vu, s'ils ont mal vu quelque fois, avaient-ils donc les moyens de voir aussi bien que nous? Avons-nous le droit d'ailleurs de nous montrer si fiers de nos découvertes, de les ériger en principes absolus? Si nous avons ajouté quelque chose dans les endroits que semblaient avoir le mieux connus ceux qui nous ont précédés, que n'ajoutera-t-on point, peut-être, après nous, à ceux que nous croyons avoir le mieux compris! Que d'insectes ne sont connus que depuis notre

(1) Michelet. — L'insecte. 92.

siècle ! Que de faits sur leur organisation ne sont encore qu'entrevus ! Que d'autres ne seront connus que des siècles futurs ! Qui sait ce que l'avenir nous réserve, et s'il ne dissipera point ce vertige d'orgueil que nous éprouvons, pour un fait nouveau constaté, pour une erreur rectifiée, qui semblait ne devoir jamais l'être. C'est que l'esprit d'observation ne se développe point aussi facilement qu'on le pense, et que, pour être capable de voir nettement, de comparer, d'analyser, il faut un travail qui n'exige pas moins que toute la liberté de la pensée, travail lent, énergique, qui ne veut ni système, ni prévention.

Sans chercher à approfondir toutes ces merveilles, qu'il nous suffise d'admirer cette infinie variété que le céleste ouvrier a semée dans son œuvre, car il ne s'est nulle part répété, et tout ce qui nous paraît semblable, examiné, comparé, se trouve être différent. Aristote répondait à ceux qui se moquaient de l'étude des insectes comme d'une occupation puérile, la nature ne renferme rien de bas, tout y est sublime, tout y est digne d'admiration, car, comme au fourneau où se séchait Héraclite, les Dieux sont là (1). Nulle part, dit Pline, la nature ne s'est montrée plus admirable. Dans les grands corps la matière se prêtait sans peine à ses desseins ; mais pour façonner ces êtres si petits, que d'intelligence ! quelle puissance ! Quelle inconcevable perfection (2) ! Ajoutons avec S. Augustin : ils sont petits, il est vrai,

(1) Aristote. — De partibus animalium lib. I. 5.

(2) C. Plinius. — Hist. mundi. lib. XI. 1.

mais la délicatesse et l'arrangement de leurs parties sont admirables (1) ; et, avec S. Basile, si vous parlez d'une fourmi, d'un moucheron, d'une abeille, votre discours est une démonstration de la puissance de celui qui les a formés, car la sagesse de l'ouvrier se manifeste surtout dans ce qui est le plus petit (2). Celui qui a étendu les cieux, qui a creusé le lit de la mer, n'est pas différent de celui qui a percé l'aiguillon d'une abeille afin d'y donner passage à son venin. A ceux qui nous demanderont à quoi servent la plupart des insectes, nous ne répondrons pas seulement avec Pascal : *Je ne sais;* mais avec lui encore : ***Humiliez-vous, raison impuissante. Ecoutez Dieu.*** Car il y aurait témérité à vouloir déterminer le rôle qu'il a assigné à chaque espèce dans la création. Il y a, dit Sénèque dans ses Questions naturelles, et ce sera ma conclusion, des secrets qui ne se révèlent pas tous en un jour. Eleusis a des mystères, et elle en réserve pour une seconde initiation. Ainsi la nature ne livre pas non plus tous ses secrets à la fois. Nous nous croyons initiés, et nous ne sommes encore qu'à la porte du temple (3).

(1) S. Augustinus. — Geneseos lib. III.

(2) S. Basilius. — Hexameron.

(3) S. A. Seneca. — Naturalium quæstionum lib. VII. 31.

Amiens. — Imp. et Lith. CAILLAUX, place Périgord, 3.

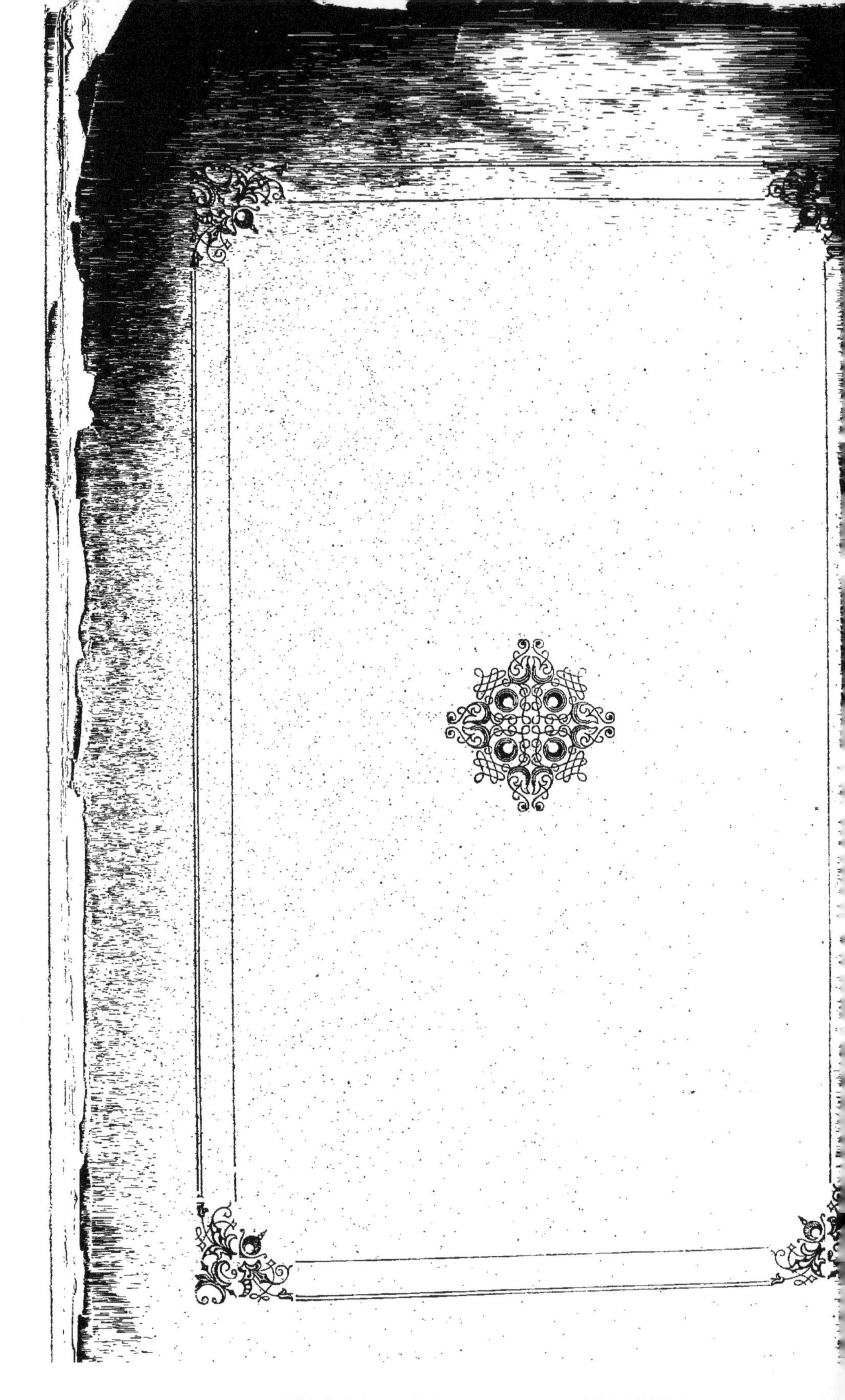

www.ingramcontent.com/pod-product-compliance
Ingram Content Group UK Ltd.
Pitfield, Milton Keynes, MK11 3LW, UK
UKHW012246240726
13966UKWH00004B/1316

9 782011 326102